青少年科普图书馆

"科学就在你身边"系列

你来自何方,又走向何处
——生命的起源与演化狂想曲

总 主 编　杨广军
副总主编　朱焯炜　章振华　张兴娟
　　　　　胡　俊　黄晓春　徐永存
本册主编　曲　芸

上海科学普及出版社

图书在版编目（CIP）数据

你来自何方，又走向何处：生命的起源与演化狂想曲/曲芸主编．—上海：上海科学普及出版社，2011.1(2018.4 重印)
（科学就在你身边系列／杨广军主编）
ISBN 978-7-5427-4678-8

Ⅰ．你… Ⅱ．曲… Ⅲ．①生命—起源—普及读物 Ⅳ．①Q95-49

中国版本图书馆 CIP 数据核字(2010)第 238374 号

组　　稿　胡名正　徐丽萍
责任编辑　徐丽萍　刘湘雯　张怡纳

"科学就在你身边"系列
你来自何方，又走向何处
——生命的起源与演化狂想曲
总主编　杨广军
副总主编　朱焯炜　章振华　张兴娟
胡　俊　黄晓春　徐永存
本册主编　曲　芸
上海科学普及出版社出版发行
（上海中山北路 832 号　邮政编码 200070）
http://www.pspsh.com

各地新华书店经销　北京一鑫印务有限责任公司印刷
开本 787×1092　1/16　印张 13　字数 200 000
2011 年 1 月第 1 版　2018 年 4 月第 3 次印刷

ISBN 978-7-5427-4678-8　　定价：25.80 元

卷首语

生命来自何方？

自生命诞生之日起，已走过45亿年的漫漫历程。45亿年的坎坷、45亿年的坚韧，才孕育出今天世界的绚丽多彩、别样有神！

生命又将何往？

环顾芸芸众生，我们惊叹生命的伟大，惊奇生机的勃发；评点漫漫过程，我们惊异演化的多变，惊喜品种的繁盛。但生命将走向何处，未来将如何进化？请和我一起，带着探索的疑问，怀着求知的激情，一起去经历生命的起源与演化，一起去勾勒未来生命的狂想吧……

目 录

NI LAIZI HEFANG YOU
ZOUXIANG HECHU

认识生命

它让地球焕发生机——生命 ………………………………………(3)
透视生命的内部世界——生命的复杂结构 ………………………(9)
一触即发——生物的应激性 ……………………………………(14)
成长背后的力量——生物的新陈代谢 …………………………(19)
生命延续的秘密——生物的生长繁殖 …………………………(24)
我的相貌谁做主——生物的遗传变异 …………………………(28)

生命之源的探索

万能的上帝之手——神创论 ……………………………………(35)
生命的祖先是天外来客吗——宇宙胚种论 ……………………(39)
生命乃无源之水吗——自然发生论 ……………………………(45)
一粒幸运的尘埃——化学进化论 ………………………………(51)
无氧的世界——原始地球大气 …………………………………(57)
各家之言,孰是孰非——化学进化的三大区域学说 ……………(62)

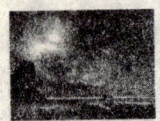

生命的起源与演化狂想曲

两种小球间的碰撞——多分子体系形成的两种假说 …………(67)
孕育生命的摇篮——原始海洋 ……………………………………(72)
生命之初的孤儿——RNA …………………………………………(77)
小概率事件如何发生——生命起源概率与地外生命 ……………(82)
回头看路,低头思源——生命起源仍需探索 ……………………(87)

生命单元的建构

细胞的自我组装——原始细胞的形成 ……………………………(95)
多细胞生物的鼻祖——原核细胞的雏形 …………………………(99)
生命大厦的奠基石——真核细胞的诞生 …………………………(104)
针锋相对——真核细胞起源的两种假说 …………………………(110)
正在发生的细胞起源——细胞重建学说说 ………………………(114)

多细胞生物的进化

缤纷的海上之花——海生藻类世界 ………………………………(121)
生命从此着陆——蕨类植物的出现 ………………………………(126)
赤裸的生命之子——裸子植物的兴起 ……………………………(132)
怒放的生命花朵——被子植物的繁荣 ……………………………(137)
蠕动的海洋霸主——无脊椎动物时代 ……………………………(143)
顶起生命的脊梁——原始鱼类 ……………………………………(150)
幸运的逃亡者——两栖动物的登陆 ………………………………(155)
硬壳卵带来的庞大家族——爬行动物的统治 ……………………(160)
直入云霄,遨游天际——鸟类的演化 ……………………………(166)
酝酿出生命的乳汁——哺乳动物的天下 …………………………(173)
揭示生物进化的岩石——化石 ……………………………………(179)

目　录

生物进化理论大擂台

生命在于运动——拉马克进化学说 …………………………（187）
奇妙的天然漏斗——达尔文的自然选择理论 ………………（192）
取其精华,去其糟粕——现代生物进化理论 …………………（198）

认识生命

在茫茫的宇宙中，唯有我们的地球充满了生机勃勃的景象，也只有我们的家园如此地多姿多彩，而这一切都是因为在这里有生命的存在！

对于我们周围的世界，我们可以判断出来哪些事物是有生命的，哪些事物是没有生命的。那么，我们对这些事物判断的依据是什么？什么才是生命呢？生命的本质是什么呢？生命又有什么样的特点呢？

我们的疑问，将在本章中得到解答。让我们共同去寻找答案吧！

认识生命

NI LAIZI HEFANG YOU
ZOUXIANG HECHU

它让地球焕发生机
——生命

要说世界上最神奇的是什么，那莫过于是生命的出现与演化了。生命从一粒宇宙的尘埃演化成了现在万千变化的世界。生命的长河在让我们无比惊叹之时又给予人以无限的思索，生命如何起源，又是如何演化的？而在解答这个问题之前，我们先来一起探讨一个古老又深奥的问题：什么是生命？

区分生命和非生命的事物对我们来说不是什么难事。我们都知道，不管是现在统治世界的人类，还是已经灭绝的地球霸主恐龙，大到遨游在海洋中的鲸鱼，小到只有在显微镜下才能看到的细菌，这些都是生命；而屹立不倒的高山，滔滔的江河，沉睡于大地的岩石，这些都不是生命。

◆绿色的生命

什么是生命？这个问题乍一看似乎很简单，因为我们很容易就能区分有生命和无生命的事物，而如果真让你用语言和文字对生命下个定义，可能就要费一番脑筋了。如果让文学家或者诗人来回答，那答案一定是非常浪漫的，但是科学家只能用理性的头脑，依据科学理论来回答这个问题。事实上，这个问题是极其复杂的，绝对不像想象中那么容易，要给生命下一个科学的定义是非常困难的，很久之前人类就在探索这个问题，虽然自古至今已经有了许多说法，但是一直没能得到很好的解决。

你来自何方，又走向何处

生命的起源与演化狂想曲

古代思想家对生命的看法

◆我国古代认为生命寓于气

古希腊的哲学家不了解运动产生的原因,而把它归结为"力"。以后的学者们就借用了这个概念,研究了各种运动,于是便有了物理学中的"引力"、"电磁力"和化学中的"亲和力"等。虽然学者们取得了很多成果,但是至今还不清楚古希腊哲学家所谓的"活力"或"生命力"是什么。

在我国古代,哲学家们把不了解的运动,归结为"气"。生命被认为是"气"的活动。如,"人之生也,气之聚也,聚则为生,散则为死。……故曰通天下一气耳"。"气"也是一个不明确的概念,不同的学者有不同的解释。有与现代科学接近的解释,如:"人之生,其犹冰也,水凝而为冰,气积而为人。"这里把生命的形成比作水结冰的过程,这种观点强调了生命的有序性。也有把生命比作火的,如:"人含气而生,精尽而死,死犹澌,灭也。譬如光焉,薪尽而火灭,则无光矣。故灭火之余,无遗炎矣;人死之后,无遗魂矣。"这种观点则强调生命是一个物质代谢的过程。所以中国古代哲学家把生命看作一个物质运动的过程,常把生与死联系起来讨论,例如"有血脉之类,无有不生,无生不死,以其生,故知其死也",把生命看作是与死亡对立的。

现代的几种生命观

生命是生物体所显现的各种现象。从古至今,随着人们对这些现象的逐步理解,生命的概念也在不断地改变。从不同的角度看这一问题,也出现了一些不同的观点。

认识生命

物质结构的生命观

从分子生物学角度看，生命体的形状、大小和结构可以千差万别，但它们都是由脱氧核糖核酸（DNA）、核糖核酸（RNA）和蛋白质等大分子为骨架构成的。

DNA 是由 4 种不同的叫做脱氧核苷酸的小分子，按一定的排列次序组成的一条非常长的分子链。例如大肠杆菌的 DNA 有约 2000 万个脱氧核糖核苷酸分子组成。在不同形式的生命体中，DNA 相当于由同样字母写出的长短不同、排列次序不同，而所要表达的意思也不同的书。RNA 也是由 4 种不同的叫做核糖核苷酸的单体连接而成的分子链。它与 DNA 相似，但链较短。不同形式的生命体中 RNA 的长短也是不一样的。蛋白质是由 20 种不同的氨基酸单体组成的长链分子。不同形式的生命体中单体排列次序、长短、链的折叠以及卷曲形状也各不相同。总之，各种生物的 DNA、RNA 和蛋白质都分别由 4 种脱氧核苷酸、4 种核糖核苷酸和 20 种氨基酸单体组成，即它们都是由通用的"元件"组成的。这些核酸、蛋白质在生命活动中所起的作用也基本相同。

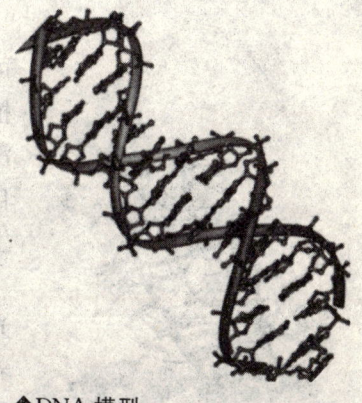

◆DNA 模型

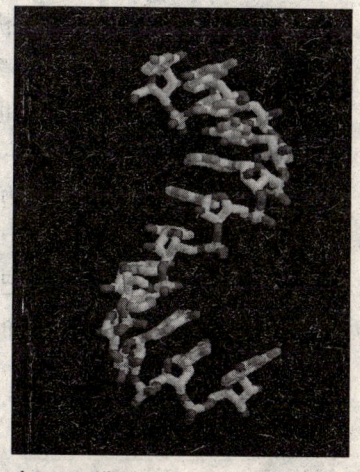

◆RNA 模型

由于 DNA 可以自身复制，因而使生命物质具有繁殖和遗传的能力；另外 DNA 能通过转录和翻译决定 RNA 及蛋白质的结构，从而控制了生物的形态结构和生理功能；而复制、转录及翻译这些过程又都需要蛋白质酶及 RNA 的参与。

于是就有了一个分子生物学的生命定义：生命是由核酸和蛋白质特别是酶的相互作用产生的、可以不断繁殖的物质反馈循环系统。这种说法是对生命物质的微观结构及其运动过程的描述。

生命的起源与演化狂想曲

生态学的生命观

◆生物圈的模拟

在生物圈内，有的生命体具有叶绿素，可进行光合作用，称为自养生物，如大部分植物、蓝藻和部分细菌属于这类；有的生物没有叶绿素、不进行光合作用，必须靠摄取自养生物或其他生物为食而生存，称为异养生物，如真菌、动物，大部分细菌属于这类。

生物圈中的无机物质，通过自养生物的光合作用，进入了生物体以后，部分通过自养生物自身的代谢又回到无机世界；部分被异养生物所摄取，通过代谢活动，又回到无机世界。大部分植物秸秆和动物尸体，最后都经腐生生物（异养生物）的降解返回无机世界。这样就形成了生物圈内的物质运动循环。而循环是单方向进行，不可逆转。在这个循环中少了哪一环或哪一环不通畅，都会影响到整个生物界。

在生物圈内的循环网络中，有很多交点，这些交点所代表的生物个体的总和就是生物量。生态学把生命看作是生物圈中不可逆物质循环过程的中心环节。但它仅描述了生命的外部条件及其所处的地位，没有说明生命本身的质的特点。

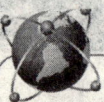 **广角镜**

生命的广义解释

生命还有一种广义的解释是指事物所特有的某种区别于其他事物的功能或能力。一种事物如果没有了自身特有的区别于其他事物的功能或能力，它就不再是这种事物了，因此就可以说它死了，也就是没有生命（指广义生命）了。火山不再喷发，它就成死火山了，也可以说火山没有了生命（指广义生命）。湖水不再流动，它就成了死水。

认识生命

NI LAIZI HEFANG YOU
ZOUXIANG HECHU

名人眼中的生命

恩格斯对生命下了一个定义:"生命是蛋白体的存在方式,这个存在方式的基本因素在于和它周围的外部自然界不断地新陈代谢,而且这种新陈代谢一旦停止,生命就随之停止,结果便是蛋白质的分解。"恩格斯的生命定义揭示了生命的物质基础,即具有新陈代谢功能的蛋白体。

◆纷繁复杂的自然世界

但是,这个定义也有其不合理的地方:首先,根据定义得出,生命是方式,也就是说,一个人有生命就是这个人有方式,这种说法根本不符合逻辑。其次,许多植物的种子能保存相当长的时间并不出现生命特征,如古莲子、缓步类动物等可能会在一个相当长的时间内并不进行新陈代谢,当条件适当时才会出现生机。

另外,周慕瀛在《漫谈生命的定义》中也给生命下了定义:生命是指物所具有的"自我复制能力"。生命是一种能力,这种说法没有违背逻辑。有生命的动物和植物具有繁殖能力、生长发育能力、新陈代谢能力、应激能力、适应一定的环境的能力等;死了的动物和植物就不具有这些能力。

> **链接**
> 1944年,奥地利物理学家薛定谔出版了《生命是什么——活细胞的物理学观》一书。这是一部石破天惊的书,它奏响了揭示生命遗传微观奥秘的先声。薛定谔在书中提出了一系列天才的思想和大胆的猜想:物理学和化学原则上可以诠释生命现象;基因是一种非周期性的晶体或固体;生命以负熵为生,是从环境抽取"序"维持系统的组织;……这些观念在当时的确是十分新奇的,也是特别引人入胜的。

你来自何方,又走向何处

SHENGMING DE QIYUAN YU
YANHUA KUANGXIANG QU

生命的起源与演化狂想曲

拓展思考

1. 你是如何理解生命的？你能为生命下个定义吗？
2. 世间万物你能分清楚哪些是有生命的，哪些是没有生命的吗？
3. 你认为生命的本质是什么？

你来自何方，又走向何处

认识生命

NI LAIZI HEFANG YOU
ZOUXIANG HECHU

透视生命的内部世界
——生命的复杂结构

在这个纷繁复杂的世界上,有了生命就有了生机,有了生命就有了精彩,有了生命生活就会缤纷绚烂。生命是如此的多姿多彩,在我们这个世界上充满了大的、小的、高的、矮的、运动的、静止的等等形形色色各式各样的生命。而它们在这些形色各异的外衣下,又表现出什么共同的特征呢?为什么它们会表现出这么丰富多彩的形象呢?它们是怎样不断地繁衍延续的?

让我们共同走进本小节,探索生命的复杂结构。

◆多姿多彩的生命

生命的组成元素

生命的外部形式与内部结构之间的关系是什么呢?如果我们想全面了解生命,就必须知道这个问题。人们研究发现:生命的基本单位是细胞。占细胞总量98%的是氢、氧、氮、碳、硫、磷6种元素。这6种元素是构成生命的最基本物质,同时也是宇宙中极为丰富的物质。生命物质与非生命物质都是由相同的结构单元组成的,它们的分子结构虽然不同,但在原子结构层次上却是相同的,它们之间唯一的区别是原子在三维空间的排列组合方式不同。非常明显,生命现象只是自然界元素成分随环境改变的一种重新组合。

通过对生命物质与非生命物质的分子结构分析,人们发现,有机化合物与无机化合物没有绝对分明的界线。两者也不是以化合物中是否含有碳

SHENGMING DE QIYUAN YU
YANHUA KUANGXIANG QU
生命的起源与演化狂想曲

元素为分界，而主要在于构成生命的最基本物质之间的互相组合的不同。对于最基本的 6 种物质，当化合物中含 2 种时，便可成有机形式（如甲烷），也可成无机形式（如二氧化碳）；当含有其中 3 种以上时，一定属于有机物（如氨基酸等）；当包含全部 6 种时，就具备了生命的基本特征（如单细胞生物等）。我们知道，在所有有机分子中，蛋白质和核酸是构成生命物质的核心成分，而它们都是由上述元素构成的。所以，以上 6 种元素就能组成生命体。

> **你知道吗？**
> 在生命体中还有很多重要元素，根据目前掌握的情况，科学家们比较一致的看法，认为生命必需元素共有 28 种，包括氢、硼、碳、氮、氧、氟、钠、镁、硅、磷、硫、氯、钾、钙、钒、铬、锰、铁、钴、镍、铜、锌、砷、硒、溴、钼、锡和碘。

生命的基本结构

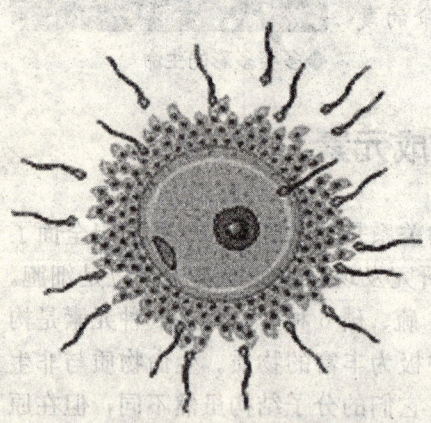

◆人类生命起源于一个细胞——受精卵

除病毒以外，所有生物体都是由细胞构成的。

而构成细胞的主要成分是核酸、蛋白质、脂类复合物和糖类复合物等有机大分子。细菌、蓝藻、草履虫、变形虫等只由一个细胞构成，是单细胞生物。它们的活动由一个细胞完成。多细胞生物是由多个细胞组成。低等的多细胞生物由几个至几十个细胞组成，而高等的多细胞生物则由相当多的细胞组成。成年人大约由 10^{14} 个细胞组成，新生的婴儿大约也有 2×10^{12} 个细胞。

细菌和蓝藻的细胞结构比较简单，遗传物质是裸露的 DNA 分子，分散在细胞质里或集中在核状体部分，还没有完整的细胞核，它们属于原核

认识生命

生物。

真核细胞的形态结构比较复杂，它的遗传物质除了DNA外，还有RNA和蛋白质，形成了结构复杂的染色体，并集中在由核膜包裹着的细胞核中。除了细菌和蓝藻以外的所有单细胞和多细胞生物都是由真核细胞组成的，它们被称为真核生物。

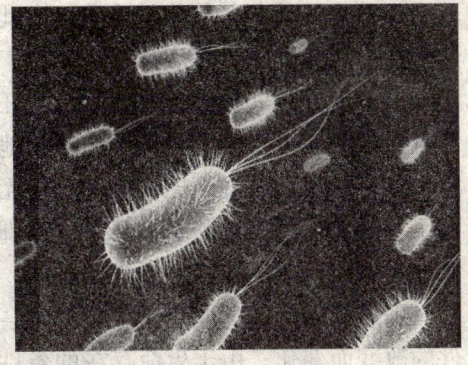
◆原核生物——细菌

在多细胞生物中，除了最低等的种类外，组成生物体的各个部位的细胞具有不同的功能，相同功能的细胞所构成的组织行使其特有的功能。

生命存在的条件

生命除了依赖构成其生命体的基本物质之外，还有两个重要的条件，那就是温度和液态水。

决定物质存在形态的主要因素是温度。在恒星阶段，天体上几千万度的超高温环境中，所有物质都是以气态、离子态存在的。而到了行星阶段，星球温度降低后，一部分物质从熔融状态中分离出来，冷凝成了固态和液态。根据氢、氧元素的性质，当地表平均温度达100℃左右时，在地壳表面就形成了生命的源泉——液态水，随之便拉开了生命之歌的序幕。

◆海底热泉口

科学家发现，在没有丝毫光线、水温高达300℃的海底热泉口附近，仍有耐热细菌和巨大的管状蠕虫等动物，维持它们生存的不是阳光，而是

SHENGMING DE QIYUAN YU YANHUA KUANGXIANG QU
生命的起源与演化狂想曲

热泉口喷出的硫化氢等化学物质。由此证明，地球上最早的有机物是由化学作用形成的。这种海底热泉口高温、黑暗、缺氧的环境，正是研究地球生命起源最好的实验室。一般来说，任何元素的组合方式在高温高压环境中都可以相互变换。早期地球频繁的地壳熔岩喷发的巨大能量和大气层的雷电产生的瞬间高温高压环境，对于无机小分子结合成有机大分子结构起到了不可替代的促进作用。即使现今地球大气层中已相对减弱雷电之后，仍有大量游离氮与氧结合生成硝酸。

随着星球构造的演变，生命形态会因地表温度，液态水分布等物理条件的改变而变化。由于生命存在的条件十分苛刻，所以，生命只能存在于行星阶段中期的天体上。到了行星阶段后期，天体内部活动和引力减弱，氢、氧类物质大量散失到外太空之后，生命也就同步完成了从诞生到发展再到消亡的过程。

科学趣闻

1993年，作为美国橡树岭实验室环境科学部门的主要研究成员，汤米在弗吉尼亚的一个油气勘探平台上建立了一个实验室。通过研究人员从油盆三叠纪地层中萃取出的样本，他竟神奇地培养出了活的细菌。令人难以置信的是，这些微生物竟然生活在地表2800米下的高温环境中。

万花筒

以前人们认为如果没有光生命是不可能存在的，直到有一天人们发现了在不见光的洞穴中存在昆虫。在南非深达数千米的金矿井中，在没有光和氧气的恶劣条件下，微生物竟然可以通过类似电离的生化过程从水中获取能量，同时消耗氢；它们是分裂生殖的。

认识生命

拓展思考

1. 组成生命的元素有哪几种？
2. 真核生物和原核生物有什么区别？
3. 生命想要存活需要哪些条件？
4. 你能说出生命都有哪些共同点吗？

你来自何方，又走向何处

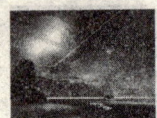

SHENGMING DE QIYUAN YU
YANHUA KUANGXIANG QU
生命的起源与演化狂想曲

一触即发
——生物的应激性

◆向日葵花盘向着太阳是一种应激性

上课铃一响，同学们会马上走进教室；如果家里养了小狗，你还没到家，小狗就会在门口摇着尾巴迎接你；春天，小燕子会飞来，到了秋天又飞走；用手轻轻地碰一下含羞草的叶子，它会马上合拢，向日葵会随着太阳而转动……这些司空见惯的现象，都是生物作出的反应。

可它们为什么会这样呢？这是一种什么现象呢？让我们一起来了解一下吧。

应激性

生物是由原始的生命经过几亿年慢慢进化而来的。在进化过程中，不同的生物在不同的环境中，对外界环境的刺激，逐渐形成了各种各样的反应。我们把生物对环境刺激作出反应的能力，叫做应激性。

应激性是生物区别于非生物的特征之一。

> 应激性是生物的一种动态反应，强调生物在短时间内的变化。

认识生命

NI LAIZI HEFANG YOU
ZOUXIANG HECHU

形形色色的应激性

夏天的海边，常会见到一种叫海葵的小动物，附着在浅水中的岩石上，当它的触手伸开的时候，很像一朵盛开的小葵花。如果这时用小树枝轻轻的一碰，触手马上会收拢，但它却不会走开；而当你要捉小螃蟹的时候，它却会狡猾地溜掉。这是因为海葵的结构比较简单，没有神经系统，只能依靠体内的某些细胞，完成简单的"开合"动作；而小螃蟹已有了比较完善的神经系统，当然就能做出一些复杂的动作了。

◆海葵

植物对外界刺激的反应也是多种多样的。向日葵幼嫩的花盘会跟着太阳转动；大风吹倒的玉米，会自动向上挺起；窗台上长期不动的花盆，向阳的一侧会枝繁叶茂……只是，植物对外界刺激的反应不像动物那样迅速。植物没有神经系

◆含羞草

统，它们是如何作出反应的呢？原来植物体内存在一种叫做植物激素的化学物质，很多反应都是激素在悄悄着发挥作用。

你来自何方，又走向何处

猪笼草吃虫是应激性吗？

应激性是一种动态反应，在比较短的时间内完成。而猪笼草的捕食是靠蜜腺分泌蜜液，让虫子掉进笼子里面，慢慢消化。在这期间，猪笼草并没有动态反

"科学就在你身边"系列

生命的起源与演化狂想曲

应。此外,应激性是生物体的基本特性之一,丧失这种特性,生命活动就随之停止。而猪笼草在环境不适的情况下,会停止结笼,以一种普通植物的样子一直生长,有很多猪笼草生长好几年都不会长笼子,并没有因为失去笼子就停止生命活动。所以,猪笼草吃虫,是一种捕食过程,是生命存活的本能,不是应激性。它的这种本领是通过遗传得来的,属于遗传性。

◆猪笼草的"小兜兜"

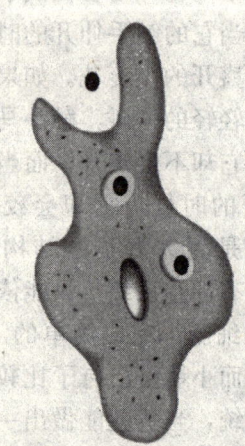

◆变形虫

比海葵更简单的生物,例如草履虫和变形虫,只由一个细胞组成,也能对刺激作出不同的反应,这种反应依靠细胞质来完成,反应的速度和准确度也低很多。比较高等的动物有了发达的神经系统,对外界的反应迅速而准确,这就是反射。比如用针尖悄悄地刺一下你的手指,你会马上缩回去。有的小动物经过训练,能完成一连串滑稽可爱的动作,那就是比较高级的条件反射了。当然,我们学习知识,去发明创造,也是在神经系统的作用下完成的,不过这就是更高级的神经活动了。

对环境的适应

生物的应激性是在长期的进化过程中形成的,是生物的一种保护功能或是生存的需要。生物体生活在复杂多变的环境中,必须使自身各个部分协调配合,才能形成一个统一的整体。比如,含羞草普遍生长在经常有暴雨的热带,每当大雨来临时,最初落到植株上的几滴雨点,就能够使小叶

认识生命

合拢、叶柄下垂，这样，当雨水猛烈下降时，可以使整个植株免遭伤害；壁虎在受到敌害追击时能脱掉尾巴而逃生；哺乳动物更能对环境作出各种复杂的反应。

想一想议一议

如何区分生物的应激性和适应性？

某种生物现象是否属应激性，首先要看是否有外界刺激存在，其次看生物体是否在短时间内作出一定的动态反应。适应性是长期适应环境的结果，一般看不到适应形成的过程，即没有应激性那种刺激与反应之间的对应关系。

应激性和适应性

生物界物种之间之所以有鲜明的差异，是由其遗传物质控制的一切外在生命现象的本质均是遗传的结果，由遗传性来决定，应激性也不例外。

应激性强调的是生物体对刺激作出反应的具体过程，它是一种动态反应，是在短期内完成的。最终结果导致生物体对环境的适应。适应性是指生物体与周围环境相适应的现象，它强调的是生物体对刺激作出反应的结果，一般看不到适应形成的过程，即没有应激性那种刺激与反应之间的对应关系。例如，青蛙的体色与其栖息环境色彩的相近。生物体是在应激性的基础上，调节自身的生命活动及生理行为，经过长期的自然选择，最终形成生物体对环境的适应。即应激性是生物产生适应的生理基础。

◆不同环境下的青蛙

生命的起源与演化狂想曲

适应性是指生物的形态结构、生理功能等与环境相适应的现象，它是通过长期自然选择的结果。

讲解——应激性和适应性的关系

生物因为有了应激性，便能对周围的刺激发生反应，从而使生物体与外界环境协调一致，形成了适应性。应激性是适应性的生理基础，生物在应激性的基础上，调节自身的生命活动及生理行为，以适应环境的变化。应激性的结果是使生物适应环境。应激性与适应性是相互联系的，应激性包括在适应性之中，但不等于适应性，是生物适应性的一种表现形式。另外，应激性是生物体对环境中某一刺激作出的反应，不同生物对同一刺激的反应是不一样的。适应性是其形态结构和生活习性与环境大体相适应，不同生物对同一环境的适应表现不一样。

应激性和适应性都是维持生物个体生存所必需的基本特征。各种生物所具有的应激性和适应性都是通过遗传积累下来的，都是由遗传性决定的。

拓展思考

1. 注意观察你身边的事物，哪些现象属于生物的应激性？你能列举出一些生物应激性的例子吗？
2. 生物具有应激性有什么好处？
3. 应激性和适应性有什么区别？
4. 你身上有哪些应激性的反应？

认识生命

NI LAIZI HEFANG YOU
ZOUXIANG HECHU

成长背后的力量
——生物的新陈代谢

在我们的地球上，生命一天一天地延续着。每一天当太阳升起的时候，绿色植物们便开始了它们忙碌的工作——利用阳光进行光合作用，把水和空气中的二氧化碳转化为有机物。而这些有机物，为地球上绝大部分的生命（当然也包括它们自己）提供了能量。

你知道这些能量是被生命体如何吸收的吗？又是如何被生命体消耗掉的呢？原来，这一切都是为了满足自身的新陈代谢。

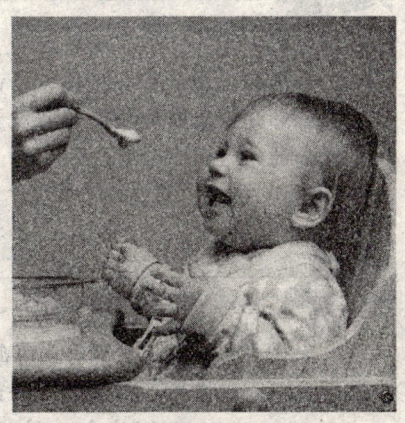

▲儿童新陈代谢旺盛

新陈代谢

新陈代谢是生物体与外界环境之间的物质和能量交换以及生物体内自我更新的一个过程。它是生物体内全部有序化学变化的总称。它包括两个过程：一个是同化作用，即从外界摄取物质和能量，将它们转化为自身的物质并贮存可利用的能量。另一个是异化作用，即分解生命物质将能量释放出来，以满足生命活动需要。

新陈代谢是生命现象最基本的特征之一。生物体要生长发育必须不断与周围环境进行物质和能量的交换，通过增加环境的无序来维持自身的有序，这一过程就是新陈代谢。

各种生物的新陈代谢，在生长、发育和衰老阶段是不同的。比如说人，婴幼儿、青少年正在长身体过程中，需要更多的物质来建造自身的机

你来自何方，又走向何处

SHENGMING DE QIYUAN YU
YANHUA KUANGXIANG QU
生命的起源与演化狂想曲

体，因此新陈代谢旺盛，同化作用占主导地位。到了晚年，人体机能日趋退化，新陈代谢就逐渐缓慢，同化作用与异化作用的主次关系也随之转化。动物冬眠时，不吃不喝，但是新陈代谢并未停止，只不过变得非常缓慢。新陈代谢是生命体不断进行的自我更新。如果新陈代谢停止了，生命也就结束了。

小 贴 士

新陈代谢是严整有序的，是由一连串反应网络构成的，如果反应网络中某一部分被阻断则整个过程就被打乱，生命将会受到威胁，严重时会导致生命的终结。

知 识 窗

人体内的组成物质平均大约每80天就有一半被分解，其中组成肺、骨骼和大部分肌肉的蛋白质的寿命约为158天，组成血浆的蛋白质的寿命只有10天，肝脏细胞的寿命约为18个月，红细胞的寿命约为120天，消化器官内壁细胞的寿命只有几十个小时。

你知道吗？

有氧运动是提升代谢最快速的方式。运动之后，能将氧气带到全身各部位，大大提升新陈代谢率、有效燃烧脂肪，而且效果会持续数小时之久。

同化作用的基本类型

按生物体在同化作用过程中能不能利用无机物制造有机物，新陈代谢可以分为自养型、异养型和兼性营养型三种。

认识生命

自养型

生物体在同化作用的过程中，能够把从外界摄取的无机物转变成为自身的组成物质，并且贮存能量，这种新陈代谢类型叫做自养型。

植物直接从外界环境摄取无机物，通过光合作用，将无机物制造成复杂的有机物，并且贮存能量，这样的新陈代谢类型属于自养型。少数种类的细菌，虽不能行光合作用，而能利用体外环境中的某些无机物氧化时所释放出的能量来制造有机物，并且依靠这些有机物氧化分解时所释放出的能量来维持自身的生命活动，这种合成作用叫做化能合成作用。例如，硝化细菌能够将土壤中的氨转化成亚硝酸和硝酸，并且利用这个氧化过程所释放出的能量来合成有机物。

◆大部分植物都是自养型生物，但猪笼草是个例外，猪笼草的代谢类型为兼性营养需氧型

异养型

生物体在同化作用的过程中，把从外界环境中摄取的现成的有机物转变成为自身的组成物质，并且贮存能量，这种新陈代谢类型叫做异养型。

人和动物只能依靠摄取外界环境中现成的有机物来维持自身的生命活动，这样的新陈代谢类型属于异养型。此外，营腐生或寄生生活的真菌、大多数种类的细菌，它们的新陈代谢类型也属于异养型。

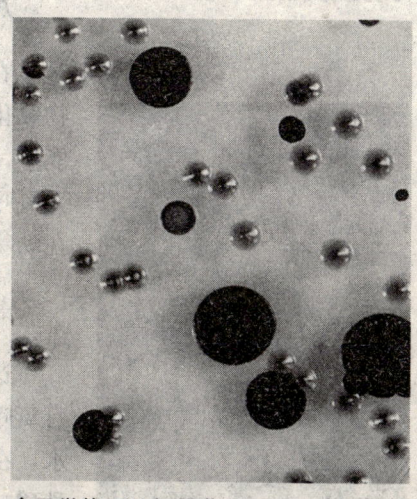
◆显微镜下的红螺菌

生命的起源与演化狂想曲

兼性营养型

有些生物（如红螺菌）在没有有机物的条件下，能够利用光能固定二氧化碳并以此合成有机物；在有现成的有机物的时候，这些生物就会利用现成的有机物，来满足自己的生长发育的需要。

异化作用的基本类型

按生物体在异化作用过程中对氧的需求，新陈代谢可以分为需氧型、厌氧型和兼性厌氧型三种。

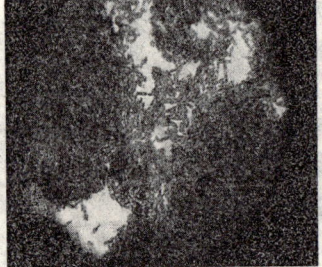

◆乳酸菌放大1000倍

需氧型

在异化作用的过程中，必须不断地从外界环境中摄取氧来氧化分解体内的有机物，释放出其中的能量，以便维持自身各项生命活动的进行，这种新陈代谢类型叫做需氧型。绝大多数的动物和植物都属于这一类型。

厌氧型

在缺氧的条件下，仍能够将体内的有机物氧化，从中获得维持自身生命活动所需要的能量，这种新陈代谢类型叫做厌氧型，也叫做无氧呼吸型。这一类型的生物有乳酸菌和寄生在动物体内的寄生虫等。

兼性厌氧型

这种类型的生物在氧气充足的条件下进行有氧呼吸，把有机物彻底分解为二氧化碳和水，在缺氧的条件下把有机物不彻底地分解为乳酸或酒精和水。典型的兼性厌氧型生物就是

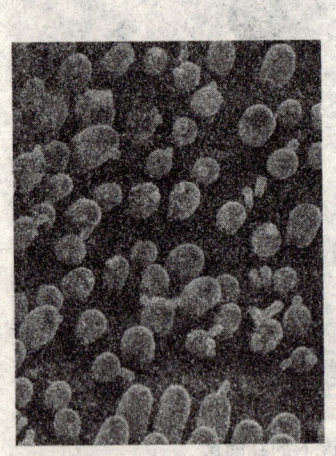

◆酵母菌

认识生命

酵母菌。

 **广角镜——新陈代谢中有关的能源物质**

  1. 直接能源物质——三磷酸腺苷（ATP）。ATP是生物体生命活动的直接能源物质，各种生命活动所需要的能量都是由ATP直接提供的，如细胞的分裂、肌肉收缩等。

  2. 主要能源物质——糖类。糖类是生物体生命活动的主要能源物质，生物体内的能量有70%是由糖类氧化分解提供的。

  3. 主要储能物质——脂肪。脂肪是生物体储存能量的重要物质，在动物的皮下、肠系膜、大网膜等处储存有大量的脂肪，一方面可储存能量，同时还可以减少体内热量散失，有利于维持体温恒定。在植物体内也有脂肪，如花生油、菜籽油等就是从花生和油菜籽中提取的。

  4. 能量最终来源——太阳能。太阳光能是生物生命活动的最终能源，太阳能通过光合作用进入植物体内，再进入动物体内。

1. 什么是新陈代谢？新陈代谢有哪几种类型？
2. 你知道大多数细菌的新陈代谢方式是什么吗？
3. 与新陈代谢有关的能源物质有哪些？
4. 脂肪在新陈代谢中起什么作用？

你来自何方，又走向何处

SHENGMING DE QIYUAN YU
YANHUA KUANGXIANG QU
生命的起源与演化狂想曲

生命延续的秘密
——生物的生长繁殖

◆正在生长的小猫

春天来临的时候，姹紫嫣红的花儿争先恐后地绽放，让整个世界充满了生机。到了秋季，春季的那些花儿早已不知所踪，但这时种子已经长成，它们已经为下一代做好了准备。这正是植物生长繁殖的结果。

我们知道，在世界的每一个地方，生命时时刻刻都存在着。可是对于每一个生命来说，它们又在分秒不停地变化着。而正是有了这些变化，才使得生命在历史的长河中得以一代又一代地延续。

让我们走进本小节，一起去探索生命延续的秘密。

最基础的生命现象——生长

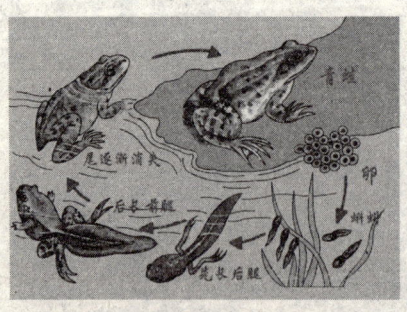

◆青蛙成长过程

生长是指在一定的生活条件下，生物体体积和重量逐渐增加、由小到大的过程。生长是极其复杂的生命现象，其奥妙至今尚未被完全揭示。

从物理的角度看，生长是生物体积的增长和体重的增加。东北虎是所有的老虎里面最重的。而年幼的东北虎一般只有十来千克。成年以后雄性一般体长达到了3.3米，体重可达300千克左右。雌性稍微小一些，体长也到2.6

认识生命

米，体重可达 167 千克左右。再比如我们所饲养的猪，一头幼猪的体重也就几千克重，可是一头成年猪的体重却在 150 千克左右。世界上最高的树——常绿高大乔木（少数种为小乔木），可长至 100～110 米，最高达 152 米。而它的幼苗，也来自泥土里的种子。

从生理的角度看，生长则是机体细胞的增殖和增大，组织器官的发育和功能的日趋完善。对于人的胚胎，4 周大的胚胎比米粒还小，但心脏、脊椎、手臂及双腿都几乎同时开始形成；8 周大胚胎大小像核桃，开始发育出肝、肺等器官；26 周的胎儿，有味觉及手的握力。

从生物化学的角度看，生长又是机体化学成分，如蛋白质、脂肪、矿物质和水分等物质的积累。

小 知 识

细胞增殖是生物体的重要生命特征，细胞以分裂的方式进行增殖。单细胞生物，以细胞分裂的方式产生新的个体。多细胞生物，以细胞分裂的方式产生新的细胞，用来补充体内衰老和死亡的细胞；同时，多细胞生物可以由一个受精卵，经过细胞的分裂和分化，最终发育成一个新的多细胞个体。必须强调指出，通过细胞分裂，可以将复制的遗传物质，平均地分配到两个子细胞中去。可见，细胞增殖是生物体生长、发育、繁殖和遗传的基础。

生命延续的武装——繁殖

生命的延续是通过繁殖实现的。繁殖是生命最基本的特征之一。通过繁殖，生物的基本特征信息由父母传递给后代，这种信息传递称为遗传。

最基本的繁殖方式有两种，即：无性生殖和有性生殖。此外，生物界还存在一些特殊的繁殖类型，如病毒的增殖、植物的无融合生殖、动物的多胚生殖以及真菌的准性生殖等。

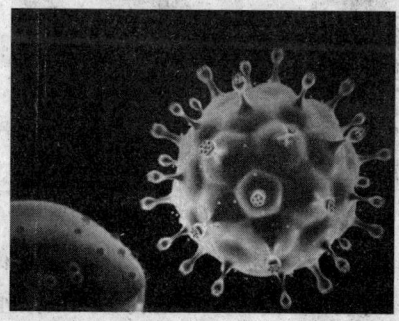

◆病毒

生命的起源与演化狂想曲

动物的繁殖方式

胎生——受精卵没有类似于蛋壳的外壳，比如哺乳动物。

在母体内生长成个体、卵生——受精卵被包裹在蛋壳内于体内或体外孵化成个体，比如爬行类、鸟类、鱼类、昆虫。

还有就是一些特殊繁殖方式，如海马将受精卵含在嘴里孵化，再用雄海马胸前的"育儿袋"养育小海马，但这种繁殖方式也是属于卵生繁殖方式；蛙类中的一种是将卵吞进母蛙的胃里孵化，再吐出来，这也是卵生的一种。可见，一些动物的繁殖方式虽然看似特别，其实也是胎生或卵生。

◆胎生

◆卵生

植物的繁殖方式

植物的繁殖方法分为有性繁殖及无性繁殖两大类。有性繁殖即是指以种子繁殖。无性繁殖包括扦插法、压条法、分株法、嫁接法、孢子繁殖法、组织培养法。

无性繁殖是植物用其自身的一部分，如鳞茎、块茎、块根和匍匐茎等，自然地增加个体数的一种繁殖方式。低等植物的藻殖段、菌丝段等和高等植物的孢

◆花朵是种子植物的有性繁殖的器官

芽、珠芽、根蘖属于无性繁殖。农林生产中广为应用的扦插、压条、嫁接和离体组织培养等也属于无性繁殖。

有性生殖是通过两性细胞的结合形成新个体的一种繁殖方法。植物在繁殖阶段产生两种生理、遗传等均不同的配子，经其结合形成合子，再由

认识生命

NI LAIZI HEFANG YOU ZOUXIANG HECHU

合子发育成新植物体，故又称配子生殖。根据两配子之间的差异程度，有性生殖可分为三种类型：同配生殖、异配生殖和卵式生殖。

 **原 理 介 绍**　　**营养繁殖**

营养繁殖就是利用植物营养器官的再生能力来繁殖新个体的一种繁殖方法。营养繁殖的后代来自同一植物的营养体，它的个体发育不是重新开始，而是母体发育的继续，因此，开花结实早，能保持母体的优良性状和特征。但是，营养繁殖的繁殖系数较低，有的种类如地黄、山药等长期进行营养繁殖容易引起品种退化。

生长与繁殖的关系

生长也包含着生产、繁殖。所有生物有朝一日总是要死的，如果要使该物种得以延续，它们必须复制它们自己的后代。我们看见生物体的后代与自己的父母非常相似，这是因为生物通过繁殖，把父母的遗传信息传给了子女。

繁殖是有条件的，生物必须生长到一定的阶段，才会繁殖出下一代。下一代重新生长发育，到达一定的阶段再次进行繁殖。如此循环，才使得生物的种族得以延续。

◆生命的延续

 拓展思考

1. 生物生长需要什么条件吗？若需要，请举例。
2. 生物繁殖有限制吗？是不是可以一直繁殖下去？
3. 试举出你身边动植物繁殖的例子？

"科学就在你身边"系列

我的相貌谁做主
——生物的遗传变异

◆一窝不同颜色的小猫

在漫长的岁月中,为了自己的种族不被淘汰,生物们不断地繁衍自己的后代。而这些不同的后代们又各自保留着上一代的一些特征。这些特征便是它们种族所特有的。比如说,老虎的后代中,是不可能有狼的特性的。

我们经常说大千世界,无奇不有。可是世界为什么会如此的丰富多彩?为什么会有千奇百怪的生物?为什么一棵植物上,会出现姹紫嫣红的花朵?

延续的必然——遗传

"龙生龙,凤生凤,老鼠生儿会打洞",这句我国古代谚语是遗传规律生动的体现。狗生小狗而不是小猫。子代一定带有他们亲代所独特的性状。1952年在太平洋底挖出来的小型海洋动物新帽贝,看上去同已保存5亿多年的化石祖先几乎一样。所以生物的亲代能产生与自己相似的后代的现象叫做遗传。

为什么会出现遗传这种奇妙的现象呢?19世纪末,科学家才在细胞的细胞核内发现了一种形态、数目、大小恒定的物

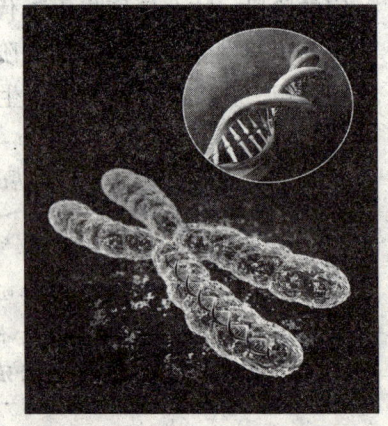

◆染色体模型

认识生命

质。这种物质甚至用最精密的显微镜也观察不到,只有在细胞分裂时,通过某种特定的染色法,才能使它显形,因此取名为"染色体"。

染色体怎么实现遗传呢?

染色体实现遗传靠的是它所携带的遗传因子,也就是"基因"。基因是贮藏遗传信息的地方。一个基因往往携带着祖辈一种或几种遗传信息,决定着后代的一种或几种性状的特征。

基因是一种比染色体小许多的物质,即使在光学显微镜下也不可能看到。它们按顺序排列在染色体上。由染色体将它们带入细胞。每条染色体都是由上千个基因组成的。

经过研究,人们发现,生物的性状是由基因和环境的相互作用而形成的。基因通过对蛋白质的控制而影响外在的表现,它是由核苷酸的线性组合而构成的核酸序列。核酸特有的碱基互补配对的复制方式使基因在传递给下一代时被忠实地控制和传递。因此,生物的后代总是带有其祖先的性状。

名人介绍——遗传学之父

孟德尔(Gregor Mendel,1822-1884),1822年7月22日出生于奥地利海森道夫地区(今捷克海恩塞斯)的农民家庭。他从小爱好园艺,由于家境困难,没有读完大学,到布隆一所修道院当修道士。1847年获得牧师职位。在朋友的资助下,于1851年到维也纳大学理学院深造。1853年夏天,他回到布隆修道院,一年后在学校中担任代课教师。他结合教学,从事植物的杂交实验工作,终于发现了遗传规律,并在1865年的布尔诺自然科学协会会议上,发表了他的研究成果,但却被埋没,直到20世纪初才重新被发现,从而确定了孟德尔在遗传学上的地位。1884年1月6日,奥地利遗传学家、现代遗传学奠基人孟德尔

◆遗传学之父孟德尔

生命的起源与演化狂想曲

逝世,享年62岁。孟德尔于1865年阐述的遗传学原理,被称为孟德尔主义。其中包含通过遗传单位(或基因)传递的颗粒遗传系统的概念。孟德尔的两条基本定律:分离定律和独立分配定律被以后的发现(染色体是遗传单位的携带者)所证实。

延续的偶然——变异

◆各种变异后的辣椒

亲代与子代之间、子代的个体之间,是绝对不会完全相同的,也就是说,总是存在着一定的差异,这种现象叫变异。

在丰富多彩的生物界中,有着形形色色的变异现象。在这些变异现象中,有的是由于环境因素造成的,并没有引起生物体内的遗传物质的变化,因而不能够遗传下去,属于不遗传的变异。有的变异现象是由于生殖细胞内的遗传物质的改变引起的,因而能够遗传给后代,属于可遗传的变异。

现在的生物与其祖先并不完全一样,远古生物物种,其种类和数量也与现在大不一样。它们经过漫长的岁月,发生了很大的变化,有的生物与其祖先相比有了许多新的性状。尽管核酸复制是高度忠实和高度保守的,但并不是绝对忠实和完全保守的,也有可能形成基因突变,基因突变和由于有性生殖而引起的基因融合,有可能导致新的性状、新的基因产生。如果这些新的性状、新的基因处于有利的环境条件下,那么就很可能被保留下来。新基因、新性状的不断产生和积累,使新物种的产生就成为可能,由此导致了生物的进化。

认识生命

NI LAIZI HEFANG YOU
ZOUXIANG HECHU

万花筒

有一些小麦品种在高水肥的条件下产量很高，但是由于植株高，抗倒伏能力差，大风一来，就会大片大片地倒伏，既影响产量，又不容易收割。怎样才能得到既高产又抗倒伏的品种呢？科学工作者利用一种普通的矮秆小麦抗倒伏能力强的特性，将这种小麦与高产的高秆小麦杂交，在后代植株中再挑选秆较矮、抗倒伏、产量较高的植株进行繁殖。经过若干代的选育以后，就得到了高产、矮秆、抗倒伏的小麦新品种。

广角镜——转基因技术

把一种生物的某个基因，用生物技术的方法转入到另一种生物的基因组中，培育出转基因生物，就可能表现出转基因所控制的性状，这就是转基因技术。目前的应用有转基因作物、转基因动物、转基因食品、转基因药品等。

从理论上讲，通过这种手段，人们可以按照自己的意愿得到所需要的食品。例如，将抗病

◆转基因动物

虫害、抗除草剂等基因转入农作物，就可以获得具有相应基因的品种。这可以缩短获得新品种的时间，提高农作物的产量，增加作物的营养价值，生产一些高附加值的物质，如有药用价值的物质、维生素、工业上用的生物高分子聚合物等。目前还没有证据表明转基因食品会对人体健康造成危害。但是在基因操作过程中，可能会发生意想不到的变化。对于环境和健康的长期影响，科学研究还不深入。因此，很多国际组织、国家和地区，如欧盟、英国、澳大利亚、新西兰、中国香港等，都制定了相关的法律、法规，对转基因产品进行管理和立法，以便进行监控。

你来自何方，又走向何处

SHENGMING DE QIYUAN YU
YANHUA KUANGXIANG QU
生命的起源与演化狂想曲

拓展思考

1. 什么是遗传？你能举出哪些遗传现象？
2. 你知道孟德尔对遗传学有什么贡献吗？
3. 变异对我们的生活利大还是弊大？说出你的理由。
4. 你能说说什么是转基因技术吗？

你来自何方，又走向何处

生命之源的探索

关于生命的起源，这是一个历久不衰的话题。作为生命本身的我们，也许从我们作为智能生物开始的那一时刻起，就已经开始思考和探索生命的起源这个问题了。因为这个话题关系着我们的过去，如果我们连自己的过去都不知道，那是一件多么可怕的事呀！

于是，从古至今，人们不断地研究和探索这个问题。也得出了许多结论，如神创论、宇宙胚胎论、自然发生论和化学进化论等等。

然而，这些观点，究竟是通过什么依据得出的呢？本章将为大家解开心中的疑问。

生命之谜的探索

关于生命的起源,这是一个历久不衰的热门话题。古列老的神话传说,把我们的祖先对生命起源的一切疑问,留给了那些遥远和深邃的洪荒岁月的神圣之中了。因为人类关于人自己的一切,都是一种要问到底的事。可是人们,自己的过去也不知道,还是一种无尽的追索啊!

千百年来,人们不断地探索和探究生命之问题,也提出了不同的观点、假说和理论,等等也是这样:自然发生说和生命永恒说等等。

然而,这些观点,究竟是通过什么方法得出的呢?本章就来探索研究生命起源问题。

生命之源的探索

万能的上帝之手
——神创论

我们从哪里来？大概从人类诞生之日起，这个问题就在困扰着我们，而在科学产生之前，人们都倾向于借助超自然的事物对此进行解释。因此几乎所有的民族，都曾有过创生的神话。

神创论曾在西方学术界、知识界以及整个西方文化中占据着统治地位，对那个时代的科学发展也产生了极大的影响。神创论为什么会有这么大的影响力，上帝到底拥有怎样一双创造之手造就了整个世界，现在就让我们进入神创论的世界，一起抚摸那双神奇的创造之手。

◆上帝创造世界

神创论也称为特创论。神创论认为世间的一切都是由上帝所创造出来的。而且世间的万物被上帝创造之后，就不会发生改变，即使发生改变，也只能在该物种所在的范围之内发生变化，绝对不可能出现新的物种。

神创论还认为万物之间都是独立的，彼此之间没有任何的关系。在18世纪之前，神创论在整个西方世界占据着统治地位。

神创论的历史

早在很久很久以前，人们已经开始思考这

◆苹果树下的圣母和圣子（局部）

你来自何方，又走向何处

SHENGMING DE QIYUAN YU
YANHUA KUANGXIANG QU

生命的起源与演化狂想曲

个世界存在的原因。为什么会有世间的万物？为什么会有电闪雷鸣？为什么夜间会星光闪烁？在离我们遥远的地方会是什么样子的？……对这个世界的困惑不解如此之多，于是人们开始思考，开始寻找原因。但是由于当时的条件有限，人们把所有想不明白的事情归结为是上帝做的。于是便有了神创论。

神创论认为，在大约6000年以前，即公元前4004年10月26日上午9：00，上帝将地球及万物创造出来。而且自从被上帝创造出来之后，地球上的生命没有发生任何变化。在那个时代，大多数人相信：我们的世界是上帝有目的地设计和创造的，由上帝制定的法则所主宰，是有序协调、合理安排的、完善且永恒不变的。在那个年代所有著名的学者都坚定地相信《圣经》的字面解释。神创论的思想对那个时代的科学发展产生了极大的影响。

你来自何方，又走向何处

◆上帝的创造周：上帝创世用了6天，最后一天休息。根据传说，人们制定了星期（礼拜）

由希伯来人所提供的创造学书，《圣经》神创论，普遍被基督教徒与犹太教徒所接受。而伊斯兰神创论被认作是《圣经》的叙事体，但是两者之间有一些极小的差别。在19世纪，随着科学方法的兴起，神学家们开始对神学进行系统的研究。这项研究从20世纪至今越来越有影响力。与此同时，神创论被排除在主流科学思想以及公众教育之外，所以对它的研究学习都是私人化的。

生命之源的探索

NI LAIZI HEFANG YOU
ZOUXIANG HECHU

 **链 接**

根据2004年的盖洛普民意调查发现，45%的美国人相信上帝在近一万年里创造出了人类，38%相信上帝引导了进化，13%相信进化的发生并没有上帝的影响存在，还有4%的人认为是别的作用影响或没有意见。

神创论的类型

由于理论依据的不同，人们经常会在不同类型的神创论之间发生争论。因此也出现了宗教神创论、哲学神创论、通用神创论和科学神创论等。

宗教神创论相信宇宙和地球上的生命是由全能的神所创造的。这种学说有着很深的根基，对世界的历史也有着很深的见解。在神创论里可以找到提倡的新地球和旧地球。哲学神创论是以哲学理论对抗神创论的理论。哲学神创论依靠哲学论点争论上帝是存在的，并且成为自然神学的一部分。通用神创论相信宇宙是在上帝还没有出现的情况下就已经存在了，与所有泛神论相对立。科学神创论是以科学理论对抗神创论的理论。圣经神创论以《圣经》为基础。伊斯兰神创论以《古兰经》为基础。生物神创论相信各种生物是创造出来的，而不是由于自然形成的产物。通常创造者被称为上帝，宇宙的创造者，与进化论相对立。人类创世论相信人类的灵魂是由上帝创造的，与灵魂遗传论相对立。智慧设计论推断仅凭自然法不足以解释所有的自然现象。智慧设计不是被宗教理论所控制的，它也并没有声明谁是造物主。在编写世界历史的时候，智慧设计也没有运用宗教理论，仅是假设有证据证明宇宙是由高智能设计的。外星神创论认为地球上的生命是由外星种族创造的，是一种古代宗教观点。而这些外星种族被人类供奉为上帝。

实际上，这些神创论之间经常相互重复。不管怎么说，科学神创论，尤其是智慧设计论，是利用了科学论据而且避免了宗教或神学的内容的。

◆神创论认为上帝创造了世界和人类

你来自何方，又走向何处

生命的起源与演化狂想曲

广角镜——诺亚方舟的传说

据《圣经》记载，上帝见人在地上，人的罪恶很大，终日所思的都是恶，上帝就后悔造人在地上，心中忧伤。上帝说"我要将所造的人和走兽，并昆虫，经及空中的飞鸟，都从地上除灭，因为我造他们后悔了"。唯有诺亚在上帝眼前蒙恩。

◆各种动物成双成对地进入诺亚方舟

上帝就对诺亚说："你要用歌斐木造一只方舟，分一间一间地造，里外抹上松香。方舟的造法乃是这样：要长三百肘，宽五十肘，高三十肘。方舟上边要有透光处，高一肘。方舟的门要开在旁边。方舟要分上、中、下三层。我要使洪水泛滥在地上，毁灭天下。你同你的妻，与儿子、儿妇都要进入方舟。凡是有血肉的活物，每样两个，一公一母，你要带进方舟，好在你那里保全生命。"

不久上帝便连降大雨40天，世界马上变成一片汪洋大海，地球上的一切生物除诺亚方舟之上的以外都被毁灭了。诺亚由于得到上帝的宠爱提前知道洪水的到来，按照上帝的旨意造了一艘大船，这就是"诺亚方舟"。他和他的家人正是借助这艘船才得以生存下来。同时在方舟上每种生物都是成对的，这就发展成为今天的人类和生物界。但近年来，随着考古研究的发展，越来越多的事实表明，尽管《圣经》中所说上帝发水一说毫无根据，但在人类历史上确实有过全球性洪水的先例，也就是说远古时代的人们确实经历过毁灭性的水灾。

拓展思考

1. 神创论是怎么产生的？
2. 神创论有哪些类型？
3. 你对神创论是如何认识的？谈谈你的看法。

生命之源的探索

NI LAIZI HEFANG YOU
ZOUXIANG HECHU

生命的祖先是天外来客吗
——宇宙胚种论

"在宇宙中存在着微生物,这些微生物作为物种的孢子,在太阳光压力的推动下,被送到遥远的宇宙彼方,如果遇到像地球这样的行星,就把生命传播到那里。"这是由瑞典化学家、1903年诺贝尔化学奖获得者阿列纽斯提出来的。阿列纽斯于1907年首先提出了宇宙胚种论。

◆有学者认为在宇宙某处存在着生命的胚种

但是宇宙胚种论的理论还缺乏令人信服的证据;退一步说,此说即使能成立,也没有解决最早的胚种(生命)是怎样起源的问题。那么什么是我们所说的宇宙胚种论呢?让我们继续生命的探索之旅吧!

随着人们认识的加深,渐渐形成了这样一种理论:宇宙胚种论。具体的描述就是:生命的起源可以追溯到地球的天文期,那时宇宙微尘组成的原始尘云的物质里面,含有许许多多的无机物和有机物,而这些就是合成原始生命的基本物质。随着地球的形成,在一定的条件下,简单的有机物和一些无机物分子逐步合成了复杂的有机物。而在地球形成过程中,合成的有机物逸出地表,变成了海洋的重要成分。在这样复杂的环境中,完成了生命的最后历程:从多分子到原始生命体,形成原始生命。这些原始生命经过极其漫长的演化便形成了现代生命。

你来自何方,又走向何处

○ "科学就在你身边"系列 ○ · 39 ·

SHENGMING DE QIYUAN YU
YANHUA KUANGXIANG QU

生命的起源与演化狂想曲

> **链接**
>
> 　　最新的研究表明，生命可能起源于宇宙烟尘。宇宙烟尘不仅给我们的星球带来生命之种，也可能给整个星系的无数其他星体带来了生命之种。它揭示了复杂有机分子是如何在太阳系中形成并被带到地球上来的，还说明了在很早以前我们的以及其他"太阳系"可能曾被这种有机成分混合物的烟尘包围。位于加利福尼亚州蒙特菲尔的 NASA 试验研究中心的马克斯·伯恩斯坦说："该成果使我们更有希望找到其他适于人居住的行星。"

最初的宇宙胚种论

　　早在1907年，瑞典物理学家阿列纽斯就提出，生命不是在地球上自生的，而是以微生物种子的形式从太空中飘送过来的。这种原始孢子来源于别的星球，它们可能是受到入射光的压力轻轻地被推到我们这个地球上来的。他称这种理论为生源说，意即"随处都有的种子"。但在目前这种意见未能被人们所接受，因为孢子在空间经过很长的时间，早会被射线所破坏，不可能飘到地球上来。

　　1971年9月，克里克在地外文明通信会议上说，地球上的生命可能起源

◆瑞典物理学家阿列纽斯

◆陨石

生命之源的探索

NI LAIZI HEFANG YOU
ZOUXIANG HECHU

于宇宙中的高级文明用无人飞船送到地球上的微生物。有两个事实支持这个理论：一个是遗传密码的一致性，表明生命进化中在某个阶段越过了一个小种群的环节；另一个是宇宙年龄可能是地球年龄的两倍多，生命有足够长时间，第二次从简单的起点进化到高度复杂的文明。克里克用定向生源说表示，某种高级生命有意识地用某种方法把微生物发送到地球上来。

发展的宇宙胚种论

首先，通过陨石的研究。人们发现在陨石中存在多种复杂的有机分子。例如对坠落在澳大利亚的默启森陨石进行研究之后，科学家发现它含有18种氨基酸，其中有6种经常在蛋白质中出现。之后，又进一步确认它含有构成地球生物的5种基本要素：腺嘌呤、鸟嘌呤、胞嘧啶、胸腺嘧啶和尿嘧啶5种碱基。这就使人们开始相信：宇宙中完全可能存在与地球生命相似的物质。

其次，由于近代射电天文学的发展，进一步证明，在遥远的宇宙空间，同样存在大量的有机分子。其中有的还形成为巨大的分子云，分布在宇宙的不同部位，如银河系中心、电离氢区、中性氢区、星周物质、暗星云、超新星遗迹和红外星的附近等等。这显示出它们在宇宙空间的很强的适应性。也使人们更有理由相信：生命能在宇宙中存在绝不是一种特殊的个别现象。

万花筒

科学研究表明，一些有机分子如氨基酸、嘌呤、嘧啶等分子可以在星际尘埃的表面产生，这些有机分子可能由彗星或其陨石带到地球上，并在地球上演变为原始的生命。

地外证据

人们对陨石的成分进行了精确的分析，发现其中含有有机物质。但他

你来自何方，又走向何处

生命的起源与演化狂想曲

◆澳大利亚的默启森陨石

们对于这些有机物的来源,看法并不一致。它们到底是陨石上所固有的呢?还是落到地面后被污染上去的?近些年来,人们发现彗星尾部的化学成分,就是米拉实验的中间产物氰氢酸和甲醛。这自然也是化学进化的一个"外来"的证据。此外,星际间存在着的有机物分子,也是有机合成可以在自然界中自发进行的例子。在银河系中心的尘埃层中发现了含有碳、氢、氧的乙醇分子和蔗糖分子。科学家认为这些有机分子与其他分子组合,可以形成更复杂的结构,进而可形成核酸(核酸是地球上生命的基础)。美国航天局的科学家2000年12月18日在澳大利亚墨尔本宣布,30年前坠落在澳大利亚的陨石中含有微生物化石,而这颗于1969年坠落的陨石年龄为46亿岁。在电子显微镜照片显示下,默启森陨石中有大量的微生物化石,而且找到了细胞壁的证据,这种"地外生命"在结构上与生活在地球上的温泉或南极洲冰盖下的微生物非常相似。马歇尔航天中心空间生物小组负责人理查·胡佛教授认为,这种微生物是可以在极端环境中存活的细菌。这就意味着生命有可能是在太空中别的地方进化后,然后才随着陨石来到地球上的。

链接

1967年米勒报导,在澳大利亚陨石中存在的各种氨基酸,都已经在模拟的放电实验中找到。1970年,福克斯研究组在月球样品中,发现了甘氨酸、丙氨酸、苏氨酸、丝氨酸和谷氨酸,此外还检验出了形态和地球上发现的微玻璃陨石几乎一样的物质。1986年9月有人对坠落在澳大利亚麦君逊附近的陨石,做了迅速的收集和检验。检验结果发现陨石里面含有天然的氨基酸,其立体结构是消旋型的。

NI LAIZI HEFANG YOU
ZOUXIANG HECHU

生命之源的探索

广角镜——各家之言

在巴塞罗那召开的第10次生命起源国际会议上，许多研究者和科学家提出关于彗星可能为地球播下的生命种子的观点。西班牙科学家胡安·罗奥认为"造成化学反应并导致生命产生的有机物质，毫无疑问是与地球碰撞的彗星带来的。"而拉美科学家拉斯卡诺认为"彗星是带来了某些物质，但它们不是决定性的。"生源论的理论家们推断说，这一切都是星球发生的偶然事件造成的结果。同地球碰撞的其中一颗彗星带来了生命的胚胎。这颗彗星带着这种胚胎穿过整个宇宙，将其留在了刚刚诞生的地球上，并使其发育，直至成为今天的形状。

◆彗星撞击地球

重要实验

一个是关于星际消光的实验。早在19世纪末，人们就曾注意到，来自宇宙的星光，在到达地球的途中，由于被星际物质所吸收而造成了星光的减弱。然而，究竟是什么物质造成这种星际消光现象呢？长期来人们一直未能找到合理的答案。这类实验虽然还没有完全成功，但是已经向我们显示出：在空间中有细菌类生命存在是有可能的。

◆星际消光

另一个是对生命在宇宙空间存活能力的实验。最初科学界普遍认为生命将经受不住宇宙中大量存在的紫外射线的杀伤。然而，这只是人们假想

你来自何方，又走向何处

"科学就在你身边"系列

• 43 •

生命的起源与演化狂想曲

的一个结论,并没有经过实验的检验。后来,科学技术的发展使我们已具备了实验检验的能力。1985年,英国《自然》杂志发表了彼得·咸伯等的实验结果。他们把枯草杆菌置于模拟的宇宙环境中,即气压低到7亿分之一大气压以下的高真空条件下,温度为10K(也就是零下263度)时,进行紫外照射。结果发现枯草杆菌具有惊人的耐受能力(比在高温条件下更能经受得住紫外线的照射),其中有10%可存活几百年的时间。如果枯草杆菌不是置于高真空条件下,而是置于含有水、二氧化碳等的分子云内,则其存活时间竟可达几百万到几千万年。因此他们指出:这种"云"足以在枯草杆菌平均存活的时间范围内,从这个星球移向另一个星球,从而把生命的胚种撒向四方。

拓展思考

1. 宇宙胚种论研究的主要问题是什么?
2. 当今的宇宙胚种论与最初的宇宙胚种论有什么不同?
3. 支持宇宙胚种论的依据有哪些?
4. 你认为宇宙胚种论有什么缺陷?

生命之源的探索

NI LAIZI HEFANG YOU
ZOUXIANG HECHU

生命乃无源之水吗
——自然发生论

自然界中所有的生物都会经历出生、发育、衰老与死亡。这所有的事情看起来都是那么的自然。生物只要满足一定的条件，就会顺其自然地产生。这就是古人对大自然观察研究之后得出来的结论——自然发生论。这种观点在人类历史上很长的一段时间内，被广大的人们所接受。

然而，事情真的是像古人描述的那样吗？直到近代，才出现了一些反对的观点。那么，究竟哪种观点才是正确的呢？

◆世间万物都是自然发生的吗？

古代的观点

自然发生论又叫自生论，这种学说认为生物可以随时由非生物发生，或由另一类截然不同的生物产生。例如，我国古代人所说的"腐草化萤"、"鱼枯生蠹"（见《荀子·劝学》）；埃及人认为，太阳照在尼罗河的淤泥上就会产出黄鳝和青蛙；亚里士多德认为，生物除了由自己的亲代产生外，还可由非生物自然发生，"大多数鱼是由卵发育而成的，可是有些鱼（由于灌注了雨水）从干涸的泥土和砂砾中产生出来"

◆亚里士多德

你来自何方，又走向何处

"科学就在你身边"系列

生命的起源与演化狂想曲

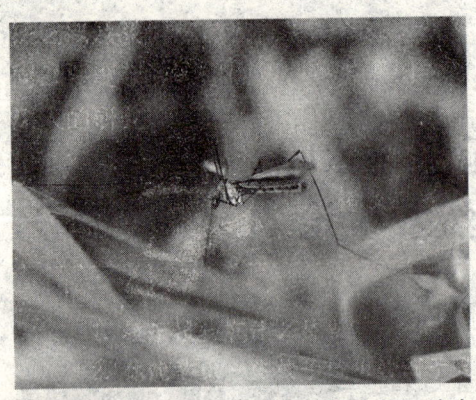

◆在古代，人们认为水中可以"自然"地生出蚊子

（见《动物志》），等等。中世纪有人认为树叶落入水中变成鱼，落在地上则变成鸟等。

自然发生论是19世纪前广泛流行的理论，在西方，亚里士多德就是一个自然发生论者。有的人还通过"实验"证明，将谷粒、破旧衬衫塞入瓶中，静置于暗处，21天后就会产生老鼠，并且让他惊讶的是，这种"自然"发生的老鼠竟和常见的老鼠完全相同。

除亚里士多德外，后来的哈维、牛顿等大学者也都信奉这种见解。的确，腐烂的肉中会突然发现蛆，这是人们亲眼所见，在科学不发达的时代，从中得出"腐肉生蛆"的结论也是很自然的。

怀疑之声

首先否定自生论的是意大利医生雷迪的试验。雷迪用鱼、鳗、牛肉等装入瓶内作对比实验，证明腐肉并不能自然生蛆，蛆由蝇产的卵孵化而成。

他把两块肉分放在两个瓶里，一个用纱布盖上瓶口，另一个不盖。结果，后者苍蝇飞来产卵生蛆，而前者肉虽然腐烂，却不长蛆。这证明了腐肉上的蛆不是自然发生的，而是苍蝇产的卵孵化出来的。

雷迪的实验向自生论发起了第一次冲击，动摇了自生论的基石，促使学术界的认识和观点开始由自生论向生源论方面转移，并导致生源论的崛起和兴盛。可是当后来发现了微生物

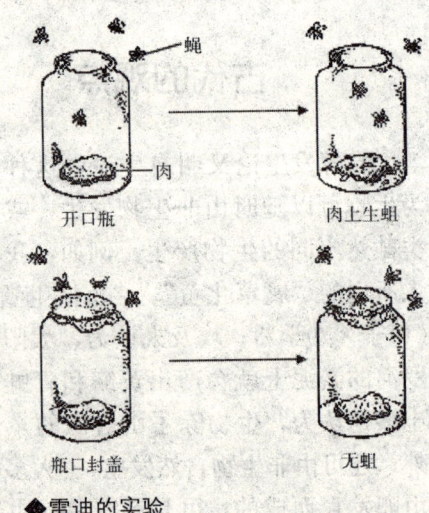

◆雷迪的实验

生命之源的探索

时，很多科学家又相信至少像微生物这样"最小的"生物体总该是自生的。加罩容器中的腐肉不是长满了细菌吗！于是，微生物可能自然发生的信念又盛行起来。此后，仅有微生物自然发生说尚在坚持。

而真正证明自生论的错误的是法国伟大的微生物学家巴斯德。巴斯德的实验证明了就连微生物这样简单的生物也不可能由非生命物质自然发生的事实，以致微生物自生论也站不住脚了，从而彻底粉碎了自生论，确立了生源论。

链 接

雷迪是一位谨慎的科学家，他永远拒绝把自己的理论外推到自己认为没有充分证据的领域。他始终坚持实验先于理论，而非理论先于实验。因此，至少从表面上看来，他并不是一个坚定的自然发生说的否定者，相反，他经常会小心地说，自然发生也是其中的一个可能。

名人介绍——遗传学之父

路易斯·巴斯德（Louis Pasteur，1822.12.27～1895.9.25），法国微生物学家、化学家，近代微生物学的奠基人。像牛顿开辟出经典力学一样，巴斯德开辟了微生物领域，创立了一整套独特的微生物学基本研究方法，开始用"实践—理论—实践"的方法进行研究，他是一位科学巨人。

巴斯德一生进行了多项探索性的研究，取得了重大成果，是19世纪最有成就的科学家之一。他用一生的精力证明了三个科学问题：（1）他发现用加热的方法可以杀灭那些让啤酒变苦的恼人的微生物。很快，"巴氏杀菌法"便应用在各种食物和饮料

◆巴斯德在观察

"科学就在你身边"系列

SHENGMING DE QIYUAN YU YANHUA KUANGXIANG QU
生命的起源与演化狂想曲

上。(2) 由于发现并根除了一种侵害蚕卵的细菌，巴斯德拯救了法国的丝绸工业。(3) 他意识到许多疾病均由微生物引起，于是建立起了细菌理论。

巴斯德严谨的、科学的实验设计，他淡漠名利的高尚情操，他为追求真理而不顾个人安危的献身精神将永远留在我们的心中。

巴斯德为微生物学、免疫学、医学，尤其是为微生物学，作出了不朽贡献，被后人誉为"微生物学之父"。

名人名言
巴斯德的名言

立志是一种很重要的事情。工作随着志向走，成功随着工作来，这是一定的规律。立志、工作、成功，是人类活动的三大要素。立志是事业的大门，工作是登堂入室的旅程，这旅程的尽头就是成功在等待着，来庆祝你努力的结果。

你来自何方，又走向何处

神奇的"天鹅颈"

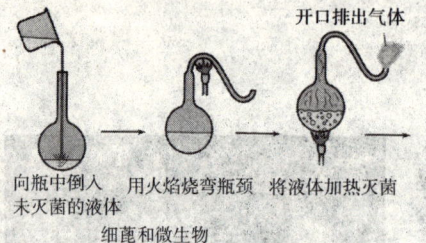
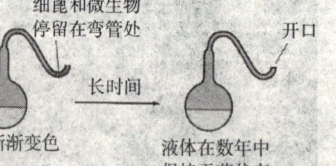
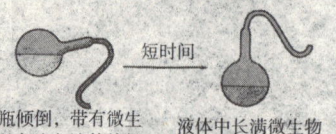

◆巴斯德曲颈瓶实验原理图

巴斯德通过一个巧妙的实验彻底驳倒了自生论。但这一过程并不是一帆风顺的。

最开始做实验时，巴斯德在圆瓶里灌进一些酵母汤，把瓶颈焊封，煮沸几分钟后搁置适当时间。结果表明，瓶里并没有微生物生长。

这一试验并不能彻底驳倒自生论者。反对巴斯德的声音不绝于耳，他们认为，巴斯德在煮沸酵母汤时，把瓶里的空气加热了。酵母汤产生小动物所需要的是自然的空气。空气被加热了自然就不能产生酵母、霉菌、杆菌或小动物了。

面对对方的指责，巴斯德冥思苦

生命之源的探索

NI LAIZI HEFANG YOU
ZOUXIANG HECHU

想,决心设计一种只让天然空气进入而不许其中的微生物进入的仪器。在老教授巴拉的指导下,巴斯德终于设计、制作出了符合这一要求的仪器,即著名的曲颈瓶。将牛奶或肉汤装进一个曲颈烧瓶里,并在火上将瓶颈拉成一个弯曲的长颈,再加热消毒。这样尽管肉汤通过弯曲的瓶颈与外界相通,但是四年过去了,静置的肉汤仍然新鲜如初。实验取得了完全的成功,他喜不自胜。

◆巴斯德和他的实验

而怎样解释这一切呢?巴斯德认为,纯净的肉汤是永远不会生出细菌的,问题出在空气上。空气中飘浮着细菌或者细菌的休眠体芽孢,当它们飘落到肉汤里,肉汤才会腐败变质。而曲颈瓶里的肉汤之所以长久不腐败,就是因为空气中的细菌或者芽孢被曲颈阻挡而不能进入肉汤的缘故。为了证实自己的推测,巴斯德打破了静置了四年的瓶颈。不久,瓶内的肉汤果然腐败了。在巴斯德严格的实验面前自然发生说不攻自破。

在一个有学者、才子、艺术家争相参加的巴黎盛会上,巴斯德讲述了他的曲颈瓶试验,高声宣布:"自然发生学说,经过这简单实验的致命一击之后,绝不能再爬起来了"。

◆神奇的"天鹅颈"

你来自何方,又走向何处

"科学就在你身边"系列

生命的起源与演化狂想曲

广角镜——不停歇的脚步

巴斯德在著名的曲颈瓶试验之后并不满足,又创造性地做了一次大规模的、半公开的实验。他和助手们将煮过的装有细菌培养液的烧瓶分放在多尘的市区、巴黎天文台的地窖里和其他环境中并打开。发现空气越是不洁,培养液变质就越快、越严重。这说明使培养液变质的细菌不是自生的,而是来自空气。他推测,海拔越高,空气一定越洁净,培养液受细菌的污染也越轻微。

为了验证这一点,他和助手们又先后登上汝拉山区的浦佩山,爬上瑞士的勃朗峰,进行实验。结果,他的猜想得到了证实。

拓展思考

1. 自然发生论的观点是什么?
2. 是什么实验彻底推翻了自然发生论?
3. 巴斯德的实验有什么巧妙之处?
4. 你能说说巴斯德对生物学有哪些贡献吗?

你来自何方,又走向何处

生命之源的探索

NI LAIZI HEFANG YOU
ZOUXIANG HECHU

一粒幸运的尘埃
——化学进化论

包围在地球外表的水汽刚刚凝结成温度很高的液态性的水；具有活动力的火山遍布地表，不时喷出火山灰和岩浆；大气很稀薄，各种气体在空中形成一朵朵的卷云；氧气很少，整个地球暴露在强烈的紫外线之下；云端的电离子不断引起风暴，交加的雷电也不时地侵袭陆地。这，就是原始地球环境。

你能想象得到生命就是在这么恶劣的环境下诞生的吗？而化学进化论的支持者们认为，正是在这种条件下才有可能形成原始生命。在这极其漫长的岁月里，非生命物质又是经过怎样极其复杂的化学过程，一步一步地演变而成的呢？

◆孕育生命的混沌世界

化学进化论的发展

在19世纪以前，神创论、自然发生论和生源论是关于生命起源的三种主要观点。随着19世纪科学的突破性进展，在地质、天文、生物、物理和化学的一系列新发现的基础上，对生命起源问题的探讨才得以逐渐摆脱神学的束缚。奥巴林和荷尔丹的"原始汤"假设，公认为是第一个建立在严

◆原始地球的原始汤

你来自何方·又走向何处

"科学就在你身边"系列

SHENGMING DE QIYUAN YU
YANHUA KUANGXIANG QU

生命的起源与演化狂想曲

◆米勒和他的模拟实验装置

格物质基础上的比较正确的生命起源理论。他们设想这种原始汤所含有的化合物，可以合成不同复杂程度的有机分子，并且最终可以通过"化学进化"合成生物有机体。

20世纪50年代，美国科学家尤里在奥巴林观点的启示下，根据远离太阳、变化较小的木星和土星现在的大气成分主要是 CH_4、NH_3 和 H_2 的事实，推想原始地球的大气也是这样的还原性大气。

米勒于1953年以尤里的理论为基础，首次合成生物重要组成有机物的实验，他以 CH_4、NH_3 和 H_2 为原料，模拟了原始大气成分。这个实验证明了地球上前生命化学进化的可能性。

目前有关化学进化的假说观点众说纷纭，如"奥巴林说"，认为生命起源于原始海洋或附近富水环境中的化学渐进演化；"泥土说"，又称"遗传结晶说"，主张原始有机物起源于泥土矿物中有缺陷的晶格结构；"火山说"认为原始有机物起源于火山喷发；"硫化物说"，认为地球生命起源于原始灼热的富硫化物溶液的沸腾海洋；"深海热泉说"，设想生命起源于深海的特定热泉喷口等等。尽管这些不同的假说所主张的化学进化的场所和能量来源不同，但这并不是一个非此即彼的问题——合成某一种有机物的化学反应的条件和方式并不是唯一的。何况当时地球上的环境变化多端，地表的结构复杂多样；即使是在同一时期，在地球表面不同的亚生命区域，化学进化的形式也可以有所不同。在若干亿年的漫长地质时期，先后在地表的一些不同地区出现适合有机大分子形成和演化的环境，这是完全可能的。

生命之源的探索

NI LAIZI HEFANG YOU
ZOUXIANG HECHU

小 书 屋

1936年出版的奥巴林的《地球上生命的起源》一书，阐述了他的生命起源假说。他认为原始地球上无游离氧的还原性大气在短波紫外线等能源作用下能生成简单的有机物（生物小分子），简单有机物可生成复杂有机物（生物大分子）并在原始海洋中形成多分子体系的团聚体，后者经过长期的演变和"自然选择"（即适于当时外界条件的团聚体小滴能保存下来，不适的就破灭了），终于出现了原始生命即原生体。

名人介绍——化学进化论创始人

奥巴林（1894～1980），苏联生物化学家，生命起源学说的创始人。生于俄国雅罗斯拉夫尔省的乌格利奇市。中学毕业后于1912年进莫斯科大学攻读化学。1922年赴德国，在著名生化学家科塞尔实验室工作，受到良好的生化训练。1946年起为苏联科学院院士。1970年当选为"研究生命起源国际协会"主席。

◆奥巴林

早在1922年，奥巴林就在一次俄罗斯植物学会上提出了关于生命起源的假说。1924年写成一本名叫《生命起源》的小册子。他认为，地球上的生命是由非生命物质经过长期的化学进化逐步演化而来的。1936年，他出版了另一部著作《地球上生命的起源》，进一步阐述了他的生命起源假说。这部著作经过1957年大加扩充和以后的多次修订出版，已成为世界上第一部全面论述生命起源的专著。他在这部著作和其他论文中，系统地说明了他的关于地球上生命起源的观点。奥巴林的生命起源假说以"团聚体"和"异养生物先于自养生物"为其特点，故又称为"团聚体假说"或"异养体假说"。他的假说已陆续为科学实验所证明，现在已被众多科学家所接受。

你来自何方，又走向何处

SHENGMING DE QIYUAN YU
YANHUA KUANGXIANG QU
生命的起源与演化狂想曲

化学进化论的内容

化学进化论将生命起源分为哪几个阶段？

化学进化论主张从物质的运动变化规律来研究生命的起源。认为在原始地球的条件下，无机物可以转变为有机物，有机物可以发展为生物大分子和多分子体系，直到最后出现原始的生命体。地球上的生命是由非生命物质经过长期演化而来的，这一过程称为化学进化，以别于生物体出现以后的生物进化。支持化学进化论的实验证据越来越多，现已为绝大多数科学家所接受。

这样看来，化学起源论将生命的起源分为四个阶段：

第一阶段：无机小分子→有机小分子；第二阶段：有机小分子→有机大分子；第三阶段：有机大分子→多分子体系；第四阶段：多分子体系→原始生命。

 小博士

化学进化不仅限于原始地球，在宇宙和其他天体上也会发生。星际分子和陨石中有机物的发现证实了这一点。星际分子中有大量的甲醛和氰化氢，与米勒放电实验中最初的中间产物相同，当它们与氨反应再经水解就能生成氨基酸。

第一阶段

这一阶段是由无机小分子物质（如氢、氨等）生成有机小分子物质（如氨基酸、含氮碱基、核糖或脱氧核糖等）的过程。原始大气中的无机小分子气体在大自然不断产生的能量如宇宙射线、紫外线和闪电等的作用下，完全形成有机小分子物质，如嘌呤、嘧啶、核糖、脱氧核糖、核苷、核苷酸、脂肪酸等。最著名的实验就是米勒还原原始大气的实验。

第二阶段

从有机小分子物质生成生物大分子物质，这一过程是在原始海洋中发

生命之源的探索

生的，即氨基酸、核苷酸等有机小分子物质，经过长期积累，相互作用，在适当条件下（如黏土的吸附作用），通过缩合作用或聚合作用形成了原始的蛋白质分子和核酸分子。

在原始还原性大气中生成的生物小分子（如氨基酸等）被雨水冲淋，溶解于原始海洋中，这些生物小分子要进一步变为生物大分子（如氨基酸变为蛋白质），就必须脱水缩合；而在原始海洋中进行脱水缩合，就像要使泡在水中的葡萄变干那样困难。科学家提出种种假说试图解决这个难题。

近十余年来，由于望远镜的更新换代，人们在宇宙太空中观察到50多个星际小分子的转动光谱，与地球上相同分子的转动光谱完全一致。星际分子的发现，说明在宇宙发展的过程中，由氢、氧、氮等化学元素可以合成各种小分子，其中特别重要的有甲烷、氢、氧、水和氨等分子。

第三阶段

第三个阶段，从生物大分子物质组成多分子体系。这一过程是怎样形成的呢？苏联学者奥巴林提出了团聚体假说，他通过实验表明，将蛋白质、多肽、核酸和多糖等放在合适的溶液中，它们能自动地浓缩聚集为分散的球状小滴，这些小滴就是团聚体。奥巴林等人认为，团聚体可以表现出合成、分解、生长、生殖等生命现象。例如，团聚体具有类似于膜那样的边界，其内部的化学特征显著地区别于外部的溶液环境。团聚体能从外部溶液中吸入某些分子作为反应物，还能在酶的催化作用下发生特定的生化反

◆宇宙射线

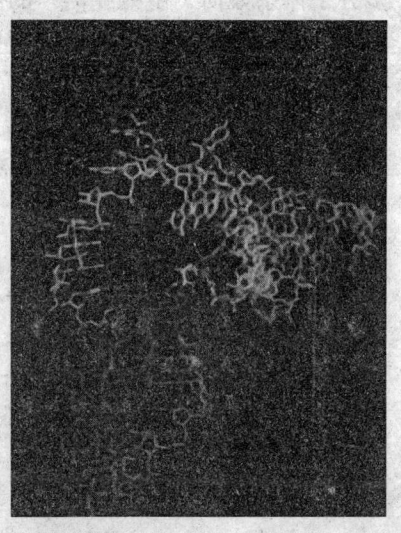
◆核酸分子

SHENGMING DE QIYUAN YU YANHUA KUANGXIANG QU
生命的起源与演化狂想曲

◆团聚体

应，反应的产物也能从团聚体中释放出去。另外，有的学者还提出了微球体和脂球体等其他的一些假说，来解释有机高分子物质形成多分子体系的过程。

第四阶段

这一阶段是由有机多分子体系演变为原始生命。它是在原始的海洋中形成的，是生命起源过程中最复杂和最有决定意义的阶段，也是生命起源最关键的一步。目前，人们还不能在实验室里验证这一过程。从理论上讲，这一步的实质就是以蛋白质和核酸为主要成分的多分子体系如何"由死变活"的问题，即新陈代谢和自我增殖能力是如何发生的。从生物学的角度看，这里有两个重要问题要解决：一是生物膜的产生，二是遗传机构的起源。

拓展思考

1. 化学进化论是怎样一步步发展而来的？
2. 化学进化论的内容是什么？
3. 谁最先提出了化学进化论的学说？
4. 化学进化论每一阶段有哪些实验证据？

生命之源的探索

NI LAIZI HEFANG YOU
ZOUXIANG HECHU

无氧的世界
——原始地球大气

我们都知道现在我们赖以生存的地球被一层很厚的大气层包围着，这层大气既提供了生命所必需的氧气，又为地面的生物提供了良好的保护，也就是说任何生命想要生存都离不开这层大气。那么我们会很自然地生出疑问：生命起源与地球大气有什么样的关系呢？原始地球大气与现在的大气层一样吗？它们又是由哪些成分构成的呢？不要急，现在就让我们一起进入那个没有生命又即将孕育出生命的原始地球大气。

◆混沌初开时的原始地球大气

化学进化学说认为生命起源应当追溯到与生命有关的元素及化学分子的起源，在有细胞结构的原始生命之前的化学演化过程是前生物的演化，而这段时期与早期地球大气的演化是分不开的。

在最初孕育生命的原始地球上，大气层中是没有氧气的。

原始地球大气成分

原始地球大约形成于46亿年前。而那时的原始地球大气是由哪些成分构成的，这在科学界中还是个存在着很大争议的问题。但是那时的大气中没有氧气存在已是毋庸置疑的事实。

你来自何方，又走向何处

"科学就在你身边"系列

SHENGMING DE QIYUAN YU YANHUA KUANGXIANG QU
生命的起源与演化狂想曲

◆火山喷发出各种气体

我们现在的生命体是由碳（C）、氢（H）、氮（N）、氧（O）、磷（P）、硫（S）这6种主要元素构成的，这些组成生命体的元素最初也是在原始地球大气中逐渐形成的，但存在的形式与现在的大气完全不一样。化学进化学说认为原始地球大气中含有甲烷（CH_4）、氨气（NH_3）、氢气（H_2）、硫化氢（H_2S）、氰化氢（HCN）、一氧化碳（CO）等气体。

还原性还是氧化性

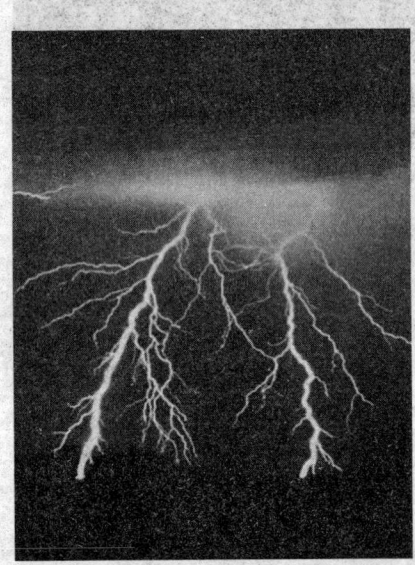

◆闪电促进地球早期生命的形成

科学家们猜测，在地球形成之后，由于温度下降，地球表面发生冷凝现象，而地球内部的高温又促使火山频繁活动，火山爆发时所形成的挥发性气体就逐渐形成了原始地球大气。科学家们的猜测都是有根据的，现在远离太阳、历史上可能变化较小的巨行星（如木星和土星），它们的大气都是没有游离氧（O_2）的还原性大气，其主要成分是氢（H_2）、氦（He）、甲烷（CH_4）和氨（NH_3）；由此推测原始地球的大气，大概也是这样的还原性大气。

但是在20世纪80年代以来，很多学者对这种说法产生了怀疑。他们认为原始大气的主要成分是水蒸气（H_2O）、一氧化碳（CO）、二氧化碳（CO_2）、氮气（N_2）等气体，而没有氨气、甲烷、硫化氢，因为这些气体很容易被紫外线辐射所分解，所释放的氢气大部分也会逃逸到太空中，根本不会在大气中存在。

NI LAIZI HEFANG YOU
ZOUXIANG HECHU

生命之源的探索

科技文件夹

据测定，现在能作用于地球大气层的能源，主要是太阳辐射中的紫外线、雷电和宇宙射线等。其中宇宙射线不足以合成有机物，还原性气体仅吸收短波紫外线，但短波紫外线在太阳辐射紫外线中占的量极少，而每年雷电次数较多，可作有机合成的能量较大，又在靠近海洋表面处释放，这样在原始地球还原性大气中合成的产物就很容易溶于原始海洋之中。

米勒实验

1953年，年仅23岁的芝加哥大学研究生米勒（S. L. Miller）在其导师尤利（H. C. Urey）的指导下完成了证实化学进化第一阶段的重要实验，他在一密封的玻璃装置中再现了原始地球大气。

他先将玻璃仪器内的空气抽去，之后将水（模拟原始海洋）注入下方烧瓶内，用几瓶甲烷、氨气和氢气（模拟原始大气）灌满了密封装置。这种混合物保持连续不断地沸腾，然后又让水蒸气经过冷凝器，使冷凝的水保持流淌着。气体经过装有两个电极的大烧瓶，两极之间在气体通过时连续不断地放电产生火花（模拟电闪雷鸣），一个星期之后，在密闭玻璃仪器底部的溶液中生成一种

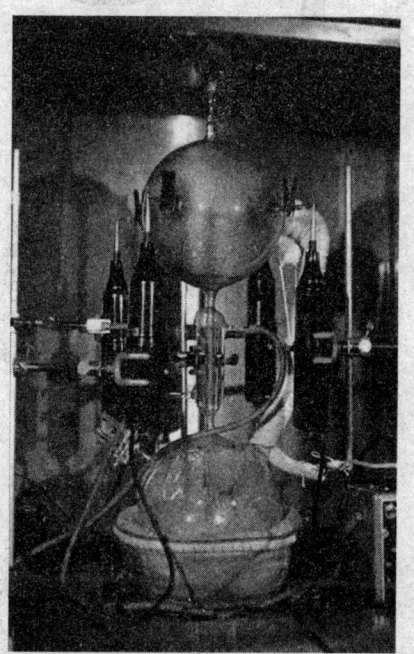

◆米勒实验装置

淡红色的黏稠性物质（模拟原始有机物被雨水冲进了原始海洋中）。在分析了这种黏稠性物质之后，米勒惊喜地发现，此物质中共有20多种有机物并且富含氨基酸（甘氨酸、丙氨酸、天冬氨酸和谷氨酸），形成了许多生物特性的分子。米勒让世人了解到，假如原始地球大气层的气体暴露在巨大的能量下，它们会形成在生命体中所能找到的类似有机化合物。

你来自何方，又走向何处

SHENGMING DE QIYUAN YU YANHUA KUANGXIANG QU
生命的起源与演化狂想曲

链接：对米勒实验的质疑

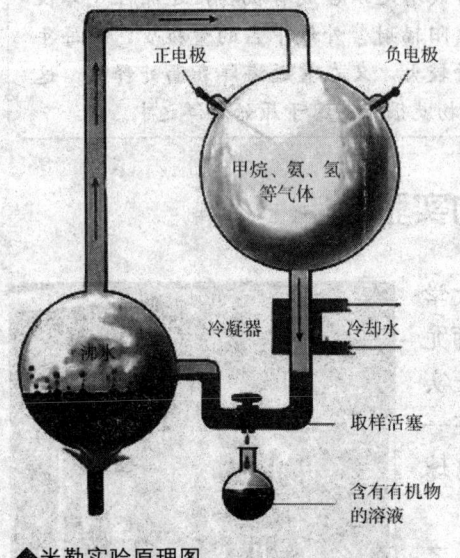

◆米勒实验原理图

（1）米勒实验提供持续的电能，但是原始时代的地球不一定。

（2）不能完全确定米勒实验各物质浓度的配比。

（3）氨基酸很可能是宇宙流星和彗星在撞击地球的时候带出的，因为当时这种现象十分普遍，科学证明氨基酸可以在宇宙的恶劣环境中存在。

继米勒之后，许多通过模拟原始地球条件的科学实验，又合成出了组成生命体的其他重要生物分子。1961年，美国生物化学家奥罗，把氰化氢和甲醛加入原始大气中，实验结果除了得到氨基酸外，更绝妙的是，他还成功地得到腺嘌呤、核糖和脱氧核糖，得到了构成生命核酸的零件。

广角镜

1965年，我国科学家在实验室条件下，用化学方法人工合成了一种蛋白质（胰岛素）。1981年，又合成出一种核酸（酵母丙氨酸转移核糖核酸）。这些成果轰动了世界，因为蛋白质和核酸的形成是由无生命到有生命的转折点。

生命之源的探索

NI LAIZI HEFANG YOU ZOUXIANG HECHU

拓展思考

1. 原始地球大气中有哪些元素？
2. 原始地球大气是还原性还是氧化性的？
3. 原始地球由火山放出的气体有哪些？

你来自何方，又走向何处

SHENGMING DE QIYUAN YU
YANHUA KUANGXIANG QU
生命的起源与演化狂想曲

各家之言，孰是孰非
——化学进化的三大区域学说

◆原始地貌

在原始地球上，无机小分子物质是怎样生成有机小分子物质的呢？通过米勒等人的模拟实验，我们对于这一问题已经了解了。那么，有机小分子又是如何生成像蛋白质和核酸这样的有机大分子的呢？最先形成的是蛋白质还是核酸？关于这类问题，人们知道的还很少。

而任何历史事件的发生都有时间、地点和如何发生的问题。针对蛋白质和核酸的起源条件和地点不同，科学界出现了三个区域分支学说：陆相起源说，海相起源说和深海烟囱起源说。

三大学说

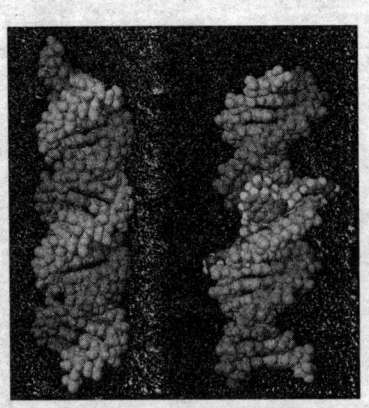

◆核酸

在原始地球上，蛋白质和核酸是怎么出现的呢？原始海洋中的有机小分子物质经过极其漫长的积累和相互作用，在适当的条件下，一些氨基酸通过缩合作用形成原始的蛋白质分子，核苷酸则通过聚合作用形成原始的核酸分子。生命活动的主要体现者——原始的蛋白质和核酸的出现意味着生命从此有了重要的物质基础。

有机大分子的形成是化学进化过程中又一重大质变。对于这个关键阶段，在模

生命之源的探索
NI LAIZI HEFANG YOU
ZOUXIANG HECHU

拟实验上分成两大学派：

一种是陆相起源学派。他们认为由有机小分子生成大分子的反应的地点，是在火山附近。因为火山可以造成局部地区的温度很高。而高温是反应所必需的条件。反应所生成的大分子，经过雨水的冲刷，最后进入海洋中。

另一学派主张海相起源。他们认为在原始海洋中，小分子的氨基酸和核苷酸可被吸附于黏土等物质的活性表面，在适当的缩合剂存在时，可发生聚合反应。

另外，通过对地质的观察，史丹尼提出生命的深海底烟囱起源说。在此之前，人们一直认为深海底是生命禁区。史丹尼推想，在太古代也一定存在深海烟囱，生命化学合成就发生在那里。生物有机高分子在那里缩合而成，最后原始生命就诞生了。

 **万花筒**

生命有可能在外太空起源吗？它能从外太空到达地球吗？天体物理学家认为有些细菌被彗星带到了地球。也有一些科学家认为，生命的许多基本元素是附着在漂移不定的岩石上的。支持这种看法的证据是在所发现的一些陨石上存在着一些小泡，里面的气体是太阳系形成年代留下来的。曾有论文指出，这些小泡是由碳原子构成的，被封闭在形成中的小行星和彗星中，直到其中某个星体落到了地球上，小泡里的物质才释放出来。

陆相起源说

这一学说认为，有机小分子形成像蛋白质和核酸这样的有机大分子，是在靠近火山的地方完成的。因为，在当时，原始地球上火山的活动非常频繁，导致局部地区高温缺氧，为脱水缩合提供了很好的自然条件。在火山附近水池里的有机物的小分子物质，形成了大量的氨基酸和核酸。当水池由于高温蒸发干枯时，氨基酸反应形成高聚物。之后随着雨水进入到海洋里。在海洋里，氨基酸和核苷酸自我装配分别形成蛋白质和核酸。这样，就为生命起源提供了所需要的物质。

你来自何方，又走向何处

SHENGMING DE QIYUAN YU YANHUA KUANGXIANG QU
生命的起源与演化狂想曲

◆火山

◆含有黏土矿物的岩石

在实验室里，把一定比例的氨基酸混合物在干燥无氧的条件下，加热到160℃～170℃，就可以得到肽聚合物；把核苷酸和多聚偏磷酸一起加热到50℃～60℃，也可以得到分子量大于10^4数量级的高聚物。

海相起源说

这一学说认为，在原始海洋中，氨基酸可以被吸附在黏土、蒙脱土等物质的活性表面，在适当的缩合剂存在时，可以发生脱水，缩合成高分子量聚合物，进而产生团聚体和原始细胞。

黏土矿物是一种微小的晶体，存在一种缺陷结构，这种结构可能决定晶体生长的取向和构型。霍洛维茨用甘氨酸和ATP水溶液进行缩合反应，发现在弱碱性条件下，在蒙脱土的活性表面产生类蛋白物质的多聚甘氨酸。

深海烟囱起源说

人们在活动的黑烟囱喷口周围完全黑暗的环境里，发现了丰富的生物。于是，美国地质古生物学家史丹尼，提出了生命的深海底烟囱起源说。从1977年加拉巴哥斯群岛的火山喷口发现黑烟囱痕迹，至今已在其他地方发现了150余处。

瑞士和挪威科学家在北冰洋极北地区海域也发现了被称为"海底黑烟囱"的热喷泉。它们不但可以喷"金"吐"银"，形成海底矿藏，而且可

生命之源的探索

NI LAIZI HEFANG YOU ZOUXIANG HECHU

能和生命起源有关。

1977年，美国深海潜水器"阿尔文"号发现"黑烟囱"时，看到了一种独特的生物群，我们称之为"热液生物群"。热液作用最令人感兴趣的地方可能并不是作为矿产资源，而是这里的深海生物群落。"热液生物群"中最有趣的就是3米长的蠕虫，这些蠕虫既没有口也没有消化器官，全靠硫细菌提供营养。除蠕虫外还有瓣鳃类、螃蟹等。

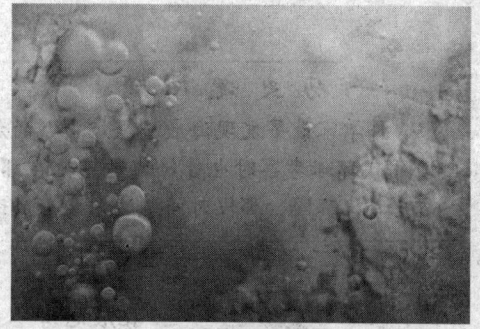

◆北冰洋地区的"海底黑烟囱"

在这2000多米的深海海底根本没有阳光，不可能进行光合作用。今天地球上有两种食物链的来源：一类是靠太阳能支持，在常温和有光的环境下依靠光合作用产生有机物；另一类是靠地球内源能量支持，在高温和黑暗的环境下靠化合作用维持。在地球演化的早期，不可能有靠光合作用的生物群，类似于现在依靠地球内热的生物也许是最初地球上唯一的生命。

◆深海"黑烟囱"

与浅海相同类型的生物相比，深海生物从外表上看并没有什么区别，但是它们肯定是不一样的。首先它们吃的东西就不一样，深海生物吃的是有毒硫化氢，浅海的这些生物是不是从"烟囱"来，它们是如何从深海"移民"到浅海，这些疑问仍是困扰古生物学家的难题。

你来自何方，又走向何处

SHENGMING DE QIYUAN YU YANHUA KUANGXIANG QU
生命的起源与演化狂想曲

 **历史趣闻**

科学家最早发现海底"黑烟囱"的加拉帕戈斯群岛，达尔文在19世纪30年代环球考察时也曾停留过。他在那里观察燕雀，发现不同种群燕雀的喙尖形状不同。那段时间是达尔文形成进化论思想的关键时期。

 拓展思考

1. 化学进化论按起源地点不同分为哪几个学说？
2. 陆相起源说认为生命起源于哪里？
3. 海相起源说的主要观点是什么？
4. 深海烟囱起源说的根据是什么？

你来自何方，又走向何处

生命之源的探索

NI LAIZI HEFANG YOU
ZOUXIANG HECHU

两种小球间的碰撞
——多分子体系形成的两种假说

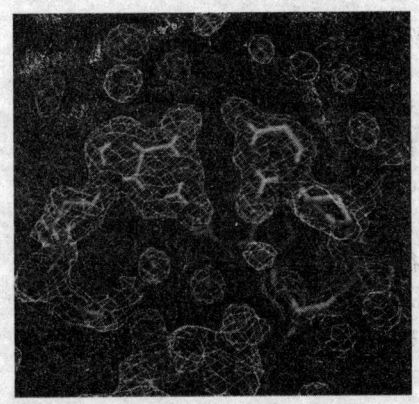

◆多分子模型

原始生命是如何开始的呢？它又是以一种什么样的形式开始的？对于这些问题，人们一直以来都充满了好奇，一代代的科学家们也都在努力地研究这些问题。

随着仪器的精密和人们研究的不断深入，到了19世纪中后期，科学家们认为，在原始海洋中有些大分子相互结合后会显示一些生命的现象，而这些结合在一起的大分子体系便是原始生命的萌芽。可是对于这种多分子体系的形成，并没有一致的观点，其中影响较大的有奥巴林的团聚体学说和福克斯的微球体学说。

奥巴林的团聚体学说

苏联生物学家奥巴林是研究生命起源的先驱者。早在1924年，他出版了一本名为《生命起源》的书。在这本书里描述了生命起源的化学过程：从无机小分子到有机小分子，而这些有机小分子进一步合成到有机大分子，有机大分子的有机结合就是分子体系，这些分子体系能够显示出生命的一些

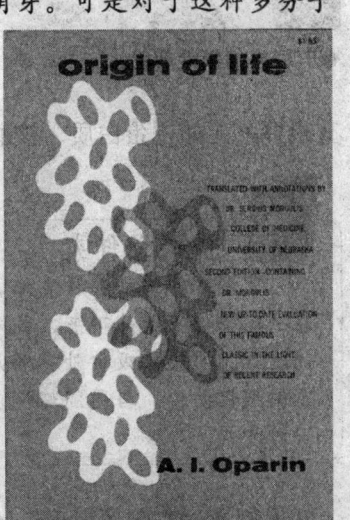

◆《生命起源》一书

你来自何方，又走向何处

"科学就在你身边"系列

生命的起源与演化狂想曲

现象。

为了形象地解释多分子体系的出现，奥巴林提出了"团聚体"假说。他认为团聚体是生命发展过程中的一种可能的模型。

轶闻趣事——团聚体的发现

奥巴林做了一系列的实验。他把透明胶水溶液和阿拉伯胶水溶液混和在一起，混和前这是两种透明均匀的溶液，但混和后不久就发生了奇怪的现象，混合溶液变浑浊了！这引起了奥巴林很大的兴趣，在他的脑海里对这一现象打了一个大大的问号，为什么会变浑浊呢？于是，他在显微镜下观察，发现从原来均匀的溶液中分离出来一种小滴，它们以明显的界限和周围溶液分开，而这种小滴后来被人们命名为"团聚体"。

经过多次实验，人们发现形成团聚体要有一定的条件。其中主要条件是：两种或两种以上带不同电荷的高分子有机物质在水溶液中必须同时存在。而符合这种条件的物质有很多，比如说蛋白质、核酸、磷脂以及多肽等。

◆苏联生物学家奥巴林

科技文件夹

团聚体能形成芽状突起，不断吸收母液中生物大分子而生长。这种芽在一定条件下脱落下来，成为类似母体大小的团聚体，表现出类似"生殖"的过程。团聚体吸收外界物质似乎也有选择性。团聚体形成后内部具有一定的理化结构，与周围环境有一个明显的界限，这有可能是原始膜形成的一种方式。

人们通过实验还发现，团聚体不但可吸收外界物质，在其内部进行化学反应，而且还会排出生成物。比如说，用阿拉伯胶和组蛋白形成的团聚

生命之源的探索

体，在一定的条件下，能通过它的外膜而选择性地吸收周围的物质。如它们能吸收氨基酸、催化剂、酶等。当把反应物和酶一起放在溶液中后，团聚体会吸收它们，并且在它的内部发生酶促反应。例如将糖和酶放入团聚体后，能在团聚体内部形成淀粉。团聚体还可以在内部诱发核苷酸的合成，以及聚核苷酸分解等复杂的生物化学反应。如果加入一种淀粉酶到团聚体内，淀粉就会被分解，变成麦芽糖。

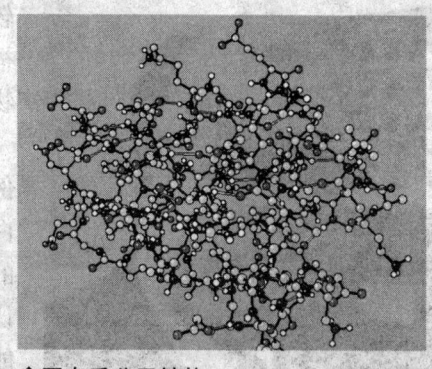
◆蛋白质分子结构

奥巴林认为，生命发生的可能过程应该是在蛋白质分子的分子团团聚体。因为这种团聚体内部结构完善，可以促使原始生命的出现，并进一步产生结构、功能复杂的生命单体。从最初的原始单细胞生物，向两个不同方向进化：一个是向着自养能力强化而运动功能退化，比如说进化成单细胞菌藻类植物，而这就是植物界进化的源头；另一则是向着运动功能强化而自养功能退化，进化至单细胞原生动物，这就是动物界进化的源头。在奥巴林生命起源假说中，海水是必不可少的，海水被认为是生命的摇篮。奥巴林派坚持认为，如果没有原始海洋，有机物质难以储存聚集，最终也难以形成有自我复制功能的生命单体。

 点击

团聚体学说存在两个主要的疑点。第一个是，团聚体出现的首要条件是蛋白质的存在，那么在原始地球上，具有复杂结构的蛋白质是如何出现的呢？第二个是，团聚体必须有很浓的有机溶液作为环境，而在当时的地球上又怎么会有高浓度的有机溶液呢？

福克斯的微球体学说

美国生物化学家福克斯却不这样认为，1960年，他提出了关于生命起源的另一种假说，也就是类蛋白微球体假说。与团聚体相比，这是一种比

SHENGMING DE QIYUAN YU
YANHUA KUANGXIANG QU

生命的起源与演化狂想曲

◆美国生物化学家福克斯

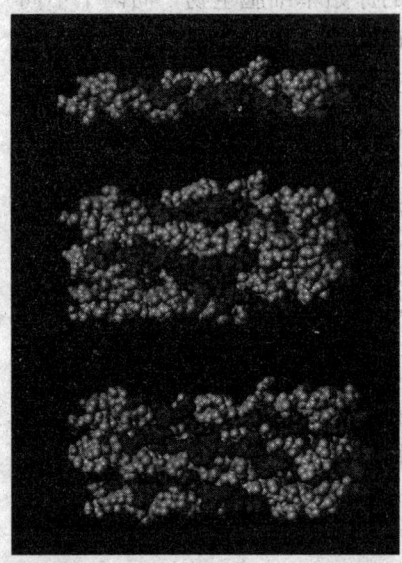

◆类蛋白

较理想的多分子体系或原始细胞模型。福克斯坚信这些类蛋白微球体是现代生物细胞的前体。

但是，微球体模型也有不足之处，例如，在组成上它没有核酸的成分，蛋白质与核酸如何组合仍不清楚；在形成的条件上，它需要高温和干燥。福克斯认为，早期的地球是非常热的，仅靠热能就足以使简单的化合物形成复杂的化合物。为了证明自己的观点，他模拟原始地球条件把各种氨基酸的混合物加热到200℃。最惊人的是，当溶解在热水里的类蛋白冷却时，发现类蛋白缩到一起，形成一些"微小的球"，这些微小的球如细菌那么大。

一般情况下，这些小球是没有生命的，但是它们至少在某些方面却表现得和细胞一样。比如说，在光学显微镜下，发现它们外面也包着一种膜。在这种溶液里加上某些化学药品以后，这些小球能像一般细胞那样膨胀起来或萎缩下去。它们能发芽，甚至这些芽有时似乎还能长大，然后脱落下来。小球能分裂，一个分成两个，或彼此连成一串。这些长链，同蛋白质分子的链很相似。它能消化一般蛋白质的酶，也能消化这些"类蛋白"。

通过实验，又发现类蛋白具有一些类似蛋白质的性质：（1）类蛋白质表现出像天然蛋白质那样的显色反应；（2）类蛋白具有肽键结构；（3）类蛋白能水解生成氨基酸。尤其是这些类蛋白用热的稀 NaCl 溶液稀释即可产生微球体，直径 2～7 微米，而且这种生命之源的探索

NI LAIZI HEFANG YOU
ZOUXIANG HECHU

微球体还具有"双层膜"结构。福克斯的这种类蛋白微球体假说否定了生命发生对原始海洋的依赖，因而被称为"陆相起源派"。

1. 奥巴林的团聚体学说是什么？
2. 奥巴林通过什么实验发现团聚体的？
3. 福克斯的微球体学说内容是什么？
4. 通过奥巴林和福克斯的学说，你学到了什么？

你来自何方，又走向何处

SHENGMING DE QIYUAN YU
YANHUA KUANGXIANG QU

生命的起源与演化狂想曲

孕育生命的摇篮
——原始海洋

你来自何方，又走向何处

◆海洋占据了地球的大部分面积

在当今我们赖以生存的地球上，绝大部分都被蓝色所覆盖，海洋占据了地球表面总面积71%，也就是说我们地球上有多于2/3的面积是大海，因此有人说，也许把地球叫做水球更贴切一些。

在人类目前发现的所有行星中，只有地球上有如此浩瀚的海水，那么地球上的海洋是怎样形成的？海水又是从哪里来的？对于这个问题目前科学界还不能给出准确的答案，但是科学家们根据一些研究证据也得出了一些猜测。

海洋是生命的摇篮，液态水的出现是生命化学演化过程中的重要转折点。所有以碳为基础的生命物质都与水有关。金星、火星和地球同属类地行星，但金星和火星上缺乏液态水，很可能是那里生命不能存在的主要原因。

假如现在有一个外星人造访地球的话，那么他有7/10的可能会落在海洋上。

NI LAIZI HEFANG YOU
ZOUXIANG HECHU

生命之源的探索

链 接

有证据表明，早期的金星上曾出现过海洋，其存在时间可能长达1000百万年（Ma）年之久，应当足以容许生命的化学进化过程发生。但是后来，由于金星的游离大气中高含量的二氧化碳，造成了强烈的"温室效应"，使水不能继续以液态形式存在。火星上也有曾经存在过海洋的报道。

迷离的成因

原始海洋大约在46亿年前刚从太阳星云形成的地球上发展而来的。在地球发展的早期，天空中水汽与大气共存于一体，水是原始大气的主要成分。原始地球的地表温度高于水的沸点，所以当时的水都以水蒸气的形态存在于原始大气之中。浓云密布，天昏地暗，随着地壳逐渐冷却，地表不断散热，大气的温度也慢慢降低，水汽以尘埃与火山灰为凝结核，被冷却又凝结成水，变成水滴，越积越多。以后地球内部温度逐渐降低，地面温度终于降到沸点以下，由于冷却不均，空气对流剧烈，形成雷电狂风，暴雨浊流，于是倾盆大雨从天而降，雨越下越大，一直下了几百万年，由于地壳不断变动，使一部分地表隆起形成高原和山脉，还有些地方则下陷成低地和山谷。滔滔的洪水降落到地球表面低凹的地方，通过千川万壑，汇集成巨大的水体，就形成了江河、湖泊和海洋，科学家就称那时的海洋为原始海洋。

◆原始海洋

你来自何方，又走向何处

SHENGMING DE QIYUAN YU YANHUA KUANGXIANG QU
生命的起源与演化狂想曲

小资料

在原始地球初期，地表的总水量只有现在的10%左右。但地表水增加的速度如何，迄今还难以确定。有些学者认为地球早期古海洋的平均温度比现在高得多，科学家甚至推测3800百万年前古海洋的温度曾高达80℃。

生命的摇篮

你来自何方，又走向何处

◆寒武纪海洋

◆生命的摇篮

原始海洋盐分较低，而有机物质却异常丰富。当时由于大气中无游离氧，因而高空中也没有臭氧层阻挡，不能吸收太阳辐射的紫外线，所以紫外线能直射到地球表面，成为合成有机物的能源。此外，天空放电、火山爆发所放出的能量、宇宙间的宇宙射线，以及陨星穿过大气层时所引起的冲击波等，也都有助于有机物的合成。但其中天空放电可能是最重要的，因为这种能源所提供的能量较多，又在靠近海洋表面的地方释放，在那里它作用于还原性大气，所合成的有机物质，很容易被雨水冲淋到原始海洋之中，使原始海洋富含有机物质，成了"生命的摇篮"。

研究表明，前寒武纪和寒武纪海洋中的磷酸盐都是随着大陆地壳的化学作用的加强而增加的。太古

生命之源的探索

NI LAIZI HEFANG YOU
ZOUXIANG HECHU

宙海洋中出现的大量黏土类和二氧化硅沉淀，可以加快高分子的有机缩合反应，有利于生命物质的最初形成。水的出现，为原始生命的化学进化提供了最佳场所。

在巴塞罗那召开的"第十次生命起源国际学术研讨会议"上，美国学者路易斯·莱尔曼认为"海水泡沫是生命的产房。"据他的理论认为漂泊在海面上的泡沫粘住由火山或慧星带进空气中的含碳分子以及泥土和金属微粒，当泡沫破裂时，这些聚集在一起的含碳分子、泥土和金属微粒就暴露于空气中，通过紫外线、电离辐射或闪电作用引起这些物质发生化学反应，从而产生了复杂的分子——氨基酸和脂肪酸等，这些分子与雨水一道落到地面上，形成第一个原始细胞，也即原始生命体。

原始海洋的特点

原始的海洋最显著的特点就是海水不是咸的，而是带酸性的，这跟大气中含有比较多的酸性气体有关，CO_2溶于水，CO_2的高大气分压能产生低的pH值并使水呈酸性。此后，海水中温度升高，CO_2被排出，且海水不断蒸发，反复兴云致雨，重又落回地面，把陆地和海地岩石中的盐分溶解，不断地汇集于海水中，使海水的酸度降低。经过上亿年的积累融合，才变成了大体均匀的咸水。总之，经过水量和盐分的逐渐增加，以及地质史上的沧桑巨变，原始海洋才逐渐演变成今天的海洋。

万花筒

由于最早的冰川纪录出现于2300百万年前，有些学者则怀疑太古宙热海洋的说法。鲁珀认为，原始海洋的平均无机成分，在整个地质历史过程中都没有什么变化，有人也认为原始海洋的组成成分虽然不完全清楚，但很可能和现在海洋的成分没有很大差别；有的人则认为古海洋的化学成分和现在的海洋是不一样的，还有学者推测原始海洋含有更高的CO_2。

你来自何方，又走向何处

"科学就在你身边"系列

生命的起源与演化狂想曲
SHENGMING DE QIYUAN YU YANHUA KUANGXIANG QU

拓展思考

1. 海洋是如何形成的？
2. 为什么说海洋是生命的摇篮呢？谈谈你的认识。
3. 原始海洋有什么特点？
4. 你能说说原始海洋与现在的海洋有什么区别吗？

你来自何方，又走向何处

生命之源的探索

NI LAIZI HEFANG YOU ZOUXIANG HECHU

生命之初的孤儿——RNA

40亿年前彗星坠入地球时，因为当时空气密度很大，所以彗星下坠的速度很慢。使得彗星表面的温度不太高，从而保护了彗核表面的类生命物质。当彗核落入海洋后，由于海水的条件适合生命的形成，这些类生命物质便形成更为复杂的系统。随着时间的推移，就形成了这些系统的自我复制，从而导致了生命的诞生。

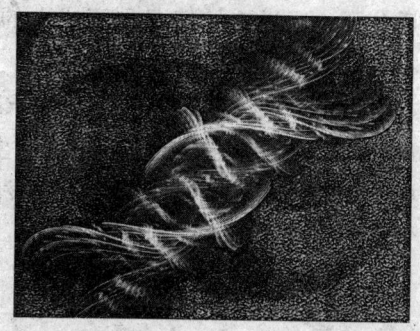

◆RNA

这些只是人们对生命起源的一种假设。但它并没有说清楚生命到底起源于何处。那些类生命物质究竟是什么？它们是通过什么样的方式演化成生命的？

生命起源之RNA

生命起源这一问题，是一直以来人们所思考的问题。科学家也给出了很多不同的理论解释。其中最主要的生命起源RNA理论得到了科学界的一致认可，而该理论的提出者之一就是莱斯利·伊莱则·奥吉尔。

生命起源于RNA的理论认为：在原始生命大分子中，RNA有很重要的作用。RNA是原始生命汤的主导者。同时在最初海洋中也有蛋白质的存在。

◆原始海洋

你来自何方，又走向何处

SHENGMING DE QIYUAN YU
YANHUA KUANGXIANG QU

生命的起源与演化狂想曲

但相对于 RNA 来说，在那时蛋白质显得还不是很重要。

因为，生命是指可以独立复制的单位。而原始蛋白质没有这样的能力，它不能以一个蛋白质为模板去合成另一个蛋白质。而 RNA 则具有这种能力，它可以从一个 RNA 去合成另外一个新的 RNA。

我们也可以这样认为，RNA 比蛋白质先出现。在最初的原始生命汤中，RNA 可以在翻译系统存在的条件下，合成具有相同信息模样的蛋白质分子。反过来的情况是不成立的。因此，RNA 分子应该比蛋白质的存在要早一些。

虽然原始海洋中，蛋白质和 RNA 有可能同时产生。但这些蛋白质和 RNA 之间并没有经过任何关系产生，它们都是在自然条件下产生的。这些不是生命的发生过程。而生命发生过程则必须有遗传信息的传递过程。它们之间是有本质区别的。

你来自何方，又走向何处

人 物 志

莱斯利·伊莱则·奥吉尔

莱斯利·伊莱则·奥吉尔，1927 年 1 月 12 日出生于英国的伦敦。2007 年 10 月 27 日，奥吉尔由于胰腺癌去世，享年 80 岁。奥吉尔在化学和生物学两个领域都作出了奠基性的贡献，尤其在生命起源领域的尝试，是 20 世纪最伟大的科学家之一。

"鸡"与"蛋"之争

早在 1953 年，米勒首次在模拟早期地球大气环境时，合成了氨基酸，随后各地的科学家也都纷纷加入。

同年，沃森和克里克提出了 DNA 双螺旋模型，确立了 DNA 遗传信息载体的地位。

◆先有鸡还是先有蛋？

生命之源的探索

小资料：DNA 的发现之旅

20世纪50年代初，英国科学家威尔金斯等用X射线衍射技术对DNA结构潜心研究了3年，意识到DNA是一种螺旋结构。女物理学家富兰克林在1951年底拍到了一张十分清晰的DNA的X射线衍射照片。

1952年，美国化学家鲍林发表了关于DNA三链模型的研究报告，这种模型被称为α螺旋。沃森与威尔金斯、富兰克林等讨论了鲍林的模型。威尔金斯

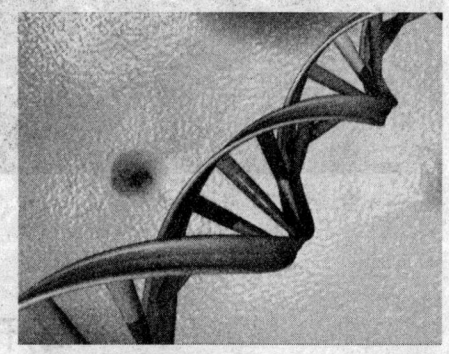

◆DNA双螺旋结构

出示了富兰克林在一年前拍下的DNA的X射线衍射照片，沃森看出了DNA的内部是一种螺旋形的结构，他立即产生了一种新概念：DNA不是三链结构而应该是双链结构。他们继续循着这个思路深入探讨，极力将有关这方面的研究成果集中起来。根据各方面对DNA研究的信息和自己的研究和分析，沃森和克里克得出一个共识：DNA是一种双链螺旋结构。这真是一个激动人心的发现！沃森和克里克立即行动，马上在实验室中联手开始搭建DNA双螺旋模型。从1953年2月22日起开始奋战，他们夜以继日，废寝忘食，终于在3月7日，将他们想象中的美丽无比的DNA模型搭建成功了。

沃森、克里克的这个模型正确地反映出DNA的分子结构。此后，遗传学的历史和生物学的历史都从细胞阶段进入了分子阶段。

由于沃森、克里克和威尔金斯在DNA分子研究方面的卓越贡献，他们分享了1962年的诺贝尔生理学或医学奖。

DNA起源学说的提出，马上就引起了人们的争议。

因为，DNA的复制，需要与多种蛋白质共同完成。而且化学组成上，蛋白质与DNA是两种截然不同的物质。虽然它们都是一条很长的分子链，但是组成分子链的基本单位是不同的。DNA由核苷酸组成，蛋白质的基本单元则是氨基酸。

DNA拥有着合成蛋白质的指令，而没有蛋白质的协助，生物又不能

SHENGMING DE QIYUAN YU YANHUA KUANGXIANG QU
生命的起源与演化狂想曲

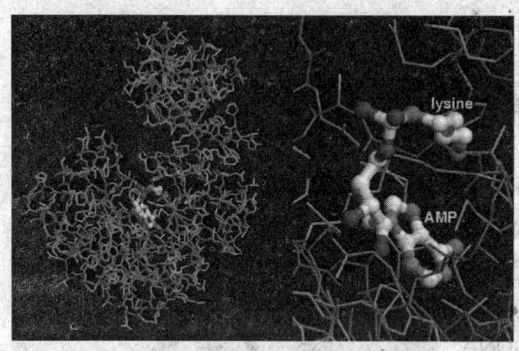

◆DNA合成蛋白质过程

读取和复制这些指令。DNA与蛋白质之间的关系，不禁让人想起另一个古老的谜题：先有鸡还是先有蛋？那么，到底谁先出现，DNA（鸡）还是蛋白质（蛋）？

因此，如果对生命起源的这一问题得以解决，无疑可以帮助人们最终解决"鸡"和"蛋"谁先谁后的争论。

揭开谜底

到了20世纪60年代早期，科学家在研究中发现：某些病毒可使用RNA作为遗传物质。并且RNA种类很多，其结构也比DNA简单得多。

到了1967年，奥吉尔提出RNA是最早出现的遗传物质，而DNA和蛋白质则是进化的产物。这种理论也同时被克里克和沃森提出，这就是著名的"RNA世界"假说。

于是人们把注意力转向RNA。答案已经很清楚了。

RNA具有很多功能。和DNA一样，RNA也是由核苷酸构成。但它在细胞中扮演着多种角色。一些RNA能将遗传信息从DNA传递到核糖体；在执行不同任务时，RNA既可形成DNA那样的双螺旋结构，又能呈现蛋白质那样的单链折叠结构。

对于RNA先于蛋白质和DNA出现的设想，得到了许多证据的支持。在酶的催化反应中，很多小分子发挥着重要作用。而这些小分子通常会携

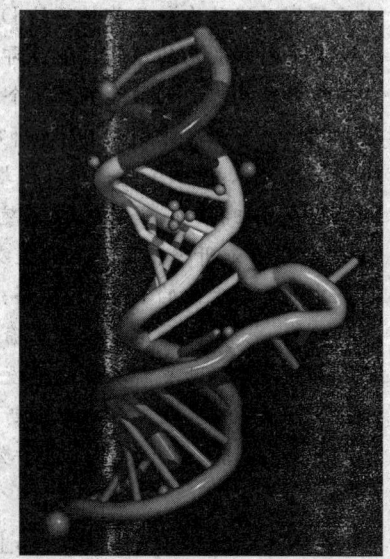

◆RNA模型

你来自何方，又走向何处

· 80 ·

生命之源的探索

带 RNA 核苷酸。

20 世纪 80 年代初，科学家发现了核酶。核酶由 RNA 构成，却具有酶蛋白的功能。"鸡与蛋"这个问题似乎水落石出：生命起源于第一个能够自我复制的 RNA 分子。

目前，我们只知道 RNA 先于 DNA 及蛋白质出现。对于生命到底如何起源，还是不确定的。因为在 RNA 世界之前，也许还有其他生命形式主宰过世界。

 小知识

核酶一词用于描述具有催化活性的 RNA，即化学本质是核糖核酸（RNA），却具有酶的催化功能。核酶的作用底物可以是不同的分子，有些作用底物就是同一 RNA 分子中的某些部位。核酶的功能很多，有的能够切割 RNA，有的能够切割 DNA，有些还具有 RNA 连接酶、磷酸酶等活性。与蛋白质酶相比，核酶的催化效率较低，是一种较为原始的催化酶。

 **拓展思考**

1. RNA 是什么？它有什么作用？
2. 生命起源研究史上的"鸡"与"蛋"之争是指什么？
3. DNA 是如何被发现的？
4. 你能说说 RNA 起源假说的理论依据吗？

你来自何方，又走向何处

SHENGMING DE QIYUAN YU
YANHUA KUANGXIANG QU

生命的起源与演化狂想曲

小概率事件如何发生
——生命起源概率与地外生命

◆地外生命存在吗？

每当夜幕降临的时候，我们就可以仰望星空。夜空是那么的美丽，不禁勾起我们的遐想。地球是否是个星际间的孤儿呢？在离我们遥远的星球中，是否还有生命的存在呢？

不知你有没有想过，为什么地球上会有生命的诞生？仔细思考一下，生命自然产生的概率有多大呢？似乎很小，而偏偏就是那么正好，生命就在地球上起源了，那么到底是什么力量在推动着生命的诞生呢？在这股力量的影响下，其他星球有可能会出现生命吗？

在本节，我们将从生命出现的概率去探讨地外生命是否存在。

生命起源条件

通过科学家们的研究发现，在生命起源时，生命对条件的要求并不是那么的苛刻。通过化石人们发现，地球上最初的生物是一种厌氧性生物。这种原生生物，只有简单的细胞，几乎没有什么内部结构。

当今地球上的大部分生物如果没有氧气就无法生存，那么氧气是不是生命起源必备的条件呢？

正因这些原核生物（蓝绿藻等）不断地向地球大气中注入氧气，才使得地球大气层充满了氧气。

· 82 · "科学就在你身边"系列

生命之源的探索

生命的起源也有一些条件是必需的。

水在生命演化过程中是不可替代的。它也是生命存在所必不可少的条件。它不仅维持了一切生命，而且还参与了光合作用，为一切生命提供了物质基础。除此之外，水还以海洋环流和随大气对流的形式参与地球上水、气、地能的交换，从而保持了地球表面相对均一的温度。但是，水却必须在液态的状态下才能发挥上述的作用，而要保持液态的水，则必须要有适宜的温度。

◆生命之水

阳光是一切生命存在必需的条件。它不但给地球表面温度，更加重要的是，它还是光合作用必不可少的能源。然而，它也是一把双刃剑。它既可哺育生命，也可扼杀生命。如果离它太近，它能把所有的东西烧焦，任何生物都不能存在；而离它太远，它带来的能量会太少，地面的温度也会太低，不能满足生命演化所需要的条件和能量。

◆阳光

另外，在地球周围，有一个厚厚的大气层。它不仅保护了地球，而且也保持地球表面适当的温度。要满足这个条件，也并不是一件容易的事。行星必须大到可以留住身旁的大气。如果行星太小，不但使大气四散逃逸，还会留不住湿气，使星球表面变得干燥。但是，太大了也不行，大气虽然留下来了，却也留下了过多的氢气，生命也无法诞生。

SHENGMING DE QIYUAN YU
YANHUA KUANGXIANG QU
>>>>>>>>>>>>>>>>>>>> 生命的起源与演化狂想曲

生命起源概率

◆宇宙

那么，对于生命起源的概率是多大呢？

对于这个问题，不论是生命自然起源的支持者还是反对者，都没有给出一个使人乐观的数字。在生命起源的追寻中，生命自然产生的概率的确是一个不能忽视的问题。

目前在宇宙中的其他地方，人们还没有发现生命现象。那么最极端的就是，在近200亿年中，整个宇宙只有地球诞生了生命。有人对此做了一个有趣的类比。比如说，彩票发行范围很大（全宇宙），发行时间也很长（200亿年），而只有地球这一注中奖了。即使生命起源是一个极低的概率，但从整体上来看，这也有可能发生。

也有些科学家对构成生命的要素进行研究。他们计算了生命所必需的蛋白质，在一个星球上演化出生命的可能性。最后所得结果非常令人吃惊，这样的概率大约只有 10^{40000} 分之一，这也就是说，在宇宙中的任何一个地方，出现这样的概率几乎是不可能的。但生命毕竟是发生了，不管概率有多小，生命还是起源了，这是不争的事实。

那么，生命的发生是否是偶然的呢？不是的！生命作为宇宙中一种高级的形态，总会发生的。这是一种必然性。可是是什么在推动生命的发生呢？我们似乎走进了一个死角。在所有人都没有头绪的时候，20世纪一个新的物理学理论诞生了，有人提出了借助量子力学来研究生命起源概率的问题。这个方法把生命起源的研究引上了一条新的道路。在生命的最开始，也许是比尘埃还小的微粒，它不符合牛顿定律，所以用量子力学解释似乎很有道理。但这些都只是臆测，量子力学充满玄机，还有很多未知的东西等着我们去发现。

生命之源的探索

NI LAIZI HEFANG YOU
ZOUXIANG HECHU

链接——量子力学

量子力学是研究微观粒子的运动规律的物理学理论，它主要研究原子、分子、凝聚态物质，以及原子核和基本粒子的结构、性质的基础理论，它与相对论一起构成了现代物理学的理论基础。量子力学与相对论一起被认为是现代物理学的两大基本支柱，许多物理学理论和科学如原子物理学、固体物理学、核物理学和粒子物理学以及其他相关的学科都是以量子力学为基础的。

19世纪末，经典力学和经典电动力学在描述微观系统时的不足越来越明显。量子力学是在20世纪初由马克斯·普朗克、尼尔斯·玻尔、沃纳·海森伯、薛定谔、沃尔夫冈·泡利、德布罗意、马克斯·玻恩、恩里科·费米、保罗·狄拉克等一大批物理学家

◆量子力学奠基人——普朗克

共同创立的。通过量子力学的发展，人们对物质的结构以及其相互作用的见解被革命化地改变。通过量子力学，许多现象才真正得到解释。新的、无法直觉想象出来的现象被预言，但是这些现象可以通过量子力学被精确地计算出来，而且后来也获得了非常精确的实验证明。除通过广义相对论描写的引力外，至今所有其他物理基本相互作用均可以在量子力学的框架内描写。

地外生命

既然生命出现的概率是如此之小，那么，地外生命到底是否存在呢？谁可以在地球之外找到这样一个星球呢？又有谁能说他发现了一个与地球条件类似的行星呢？即使存在这样的星球，它出现生命的概率有多大呢？它拥有生命起源所必须具有的条件吗？生命的出现真的只有一次么？

对此人们充满了疑问。生物学家杰克奎斯·莫讷德认为，生命是一个

SHENGMING DE QIYUAN YU
YANHUA KUANGXIANG QU

生命的起源与演化狂想曲

◆目前在其他星球上我们还没有找到生命的痕迹

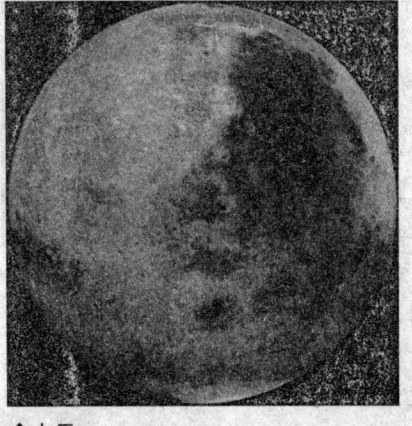

◆火星

完全偶然的巧合，其他地方不可能存在生命。与此相反，达沃认为，宇宙中不仅存在单细胞生命，而且还存在智能生命。

这两种观点相互抵触，而且都有自己的理论依据，我们在它们之间怎样选择呢？

我们需要其他星球上存在生命的证据。目前最有希望的证据来自火星。火星上曾经潮湿而又温暖。如果证据显示火星上出现过独立起源的生命，这一发现将会使我们改变对宇宙的看法。这会帮助我们重新评估在其他地方存在生命的可能性。

如果我们作了最大的努力，但还没能找出另一个带有生命的星球，那也没有什么奇怪的。也许是宇宙中存在这样的星球，只不过太少太远，我们没有办法把它们找出来；或者地球确实是唯一的，只有在这里，才有可能演化出生命来。

你来自何方，又走向何处

拓展思考

1. 生命起源需要哪些必不可少的条件？
2. 生命起源的概率很小吗？为什么？
3. 查一些相关资料，思考一下为什么量子力学可以用来解释生命起源概率？
4. 你认为地外生命有可能存在吗？

生命之源的探索

NI LAIZI HEFANG YOU ZOUXIANG HECHU

回头看路，低头思源
——生命起源仍需探索

生命起源研究已经有很长的历史了。早在几千年前的远古时期，人们就开始探讨生命是如何起源的问题。这个问题研究的是几十亿年前的事情。由于最早产生的原始生命体结构十分简单，组织状态也极度脆弱，很难形成化石保存下来，加上当时科学技术手段有限，尚不能找到合理的答案。

到现在，关于生命起源的假说或观点已经有很多了。而这些假说或者观点只是反映了生命起源的其中某个方面，仍有一些问题困扰着我们。直至今日，仍有许多生物学家艰辛地探求着。

◆生命探索之路还将延续

你来自何方，又走向何处

起源时间之谜

生命的起源与地球的形成，它们是同时出现的么？在地球形成之后，并准备好原始地壳、大气圈、水圈等相对适宜条件之后，生命才开始起源，或者是接受了"宇宙生命胚种"的？还是随着地球的逐步形成，生命也在不断地演化呢？

对于这个问题，"同源说"提出生命起源与地球形成同步的新观点。这种观点认为生命和有机物是在地球形成过程中出现的；而不是在地球形

生命的起源与演化狂想曲
SHENGMING DE QIYUAN YU YANHUA KUANGXIANG QU

◆生命起源于何时？

成若干亿年后，才出现从无机到有机、到生命的起源。

这种学说，既反映了生命的起源与地球形成的联系，为原始地表环境的起因找到了解释，也将生命起源的时间提前了近10亿年，说明了地球为什么一形成就有了生命的存在。这也正是"同源说"与其他学说最根本的区别。

生命和有机物在起源上，哪一个更先出现呢？是先有生命起源，再由生命体创造了有机物和有机物圈，还是先有有机物起源，然后才有真正生命的起源？它们之间哪一个起决定作用呢？需要指出的是，这里所说的"有机物"更准确的是"原始有机圈"。它是指随着地球的形成，在地球内部合成，最后又集中在原始地球表层，能充分补充原始地表有机物质损耗、维持长期存在的原始有机物。

你来自何方，又走向何处

小书屋

"同源说"认为有机物的起源是生命起源的前两个阶段，到了第三阶段生命才出现的。或者说生命和有机物共同创造了有机世界。生命和原始有机物是原始生态系统的主体。

若干问题

生命起源的关键因素是什么？或者说生命起源是由单一因素控制，还是天外条件、地球自身条件和生命自身的众多因素综合作用的结果呢？

"广义同源说"认为生命起源是因天外的环境、地球环境、生物自身的因素综合作用的结果，而不是由单一因素所决定的。

对于生命起源的环境，根据"广义同源说"，它是由原始有机物塑造的。但是生命诞生后面临什么样的环境呢？这是决定新生命是否可以在地

生命之源的探索

球上生存与发展的关键因素。它是由什么营造的呢？也就是说，地球在形成后的演变中，又是如何建立原始生态系统的？

在刚刚成型的原始地表上，"地球"在孕育生命的同时，又如何为生命的生存和发展准备好环境和必要的条件？如果没有原始地球营造的相对适宜的地表环境，那么生命在那没有"温室"、没有"摇篮"的无机世界里诞生，其遭遇又会怎么样呢？如果没有原始生态系统，生命即使出现，也会夭折，是不可能有所发展的。

地球生命起源与地球内部非生物来源具有什么样直接或间接的联系？

地学界经常说地球内部放气、排水问题，通常用这来解释地球原始海洋和大气圈的形成与演变。然而，他们对地球内部的水和各种气体的来源却不谈。"同源说"的进一步研究或许能为某些地下贮藏的非生物的成因、火山爆发的岩浆形成，以及某些地震等地质灾害的成因作出合理的解释。

地球原始有机圈及生命是如何起源的？它们在早期又是如何演化的？这不是单纯生命起源的问题，这更可以证明，生命的起源并不是孤立的单一过程，更不是偶然出现的，而是地球"有机演化"的一部分。

◆天外环境

◆原始地球大气圈

生命起源的新探索

20 世纪初，奥巴林等人提出了生命起源的化学进化线索。由于生命起

生命的起源与演化狂想曲

◆艾根

源问题的复杂性，化学进化论的一些关键部分仍有许多分歧和空白。其中最重要的问题之一，就是从多分子体系到原始生命，为什么会形成普遍适用的遗传密码。

艾根教授从20世纪60年代开始从事这方面的研究。他的超循环论进一步完善了化学进化论的工作，为揭示生命信息起源与进化的规律作出了重要贡献。

艾根把蛋白质与核酸的循环过程当作一个基本单位，建立起了超循环结构。这种结构本身是由数目不等的小循环组成的循环系统。系统中的催化功能具有超循环的性质，即各自复制单元既能指导自己的复制，又对下一个中间产物提供催化帮助。在这一阶段中，只有超循环式的分子协同系统，才能提高复制的精确度，适当地扩展结构的信息量，达到结构的稳定性，在竞争中产生"一旦出现，就永存下去"的选择行为，通过自组织形成原始生命信息结构，这就是艾根超循环论的主要内容。

这对开辟生命起源研究的新途径很有意义。然而这一科学成果理论上还存在不严格的地方。

著名化学家——艾根

艾根（1927～），德国化学家。艾根的主要贡献是他和合作者发展了研究溶液中半寿期在毫秒以下的极快反应动力学的温度跳跃法。由于他所作出的重大贡献，他荣膺了1967年诺贝尔化学奖。从20世纪60年代中期起，艾根开始担任世界著名的马克思·普朗克学会物理化学研究所所长。

下一个旅程

地球上的生命起源于几十亿年前，我们没有办法重现这一过程，只能

生命之源的探索

NI LAIZI HEFANG YOU
ZOUXIANG HECHU

根据掌握或可能得知的材料进行推测和论证。对于生命的起源，到现在还没有一个能对已知事实作出比较合理的解释，并能经受实践检验的"学说"。

对于生命起源，我们还有太多无法解释的疑惑。那么，在今后我们该沿着哪个方向进行探索呢？

对于生命起源的探索研究，我们还是按照"有机物怎样能出现，特别是氨基酸，就认为能产生生命"来预想"生命产生的条件"。然后再根据自己"拟定的条件"模拟所谓"生命是怎样起源的"。

过去所模拟生命起源的实验，即使在实验室"模拟"下，实验方式也并不唯一。何况当时正处于巨变之中的地球表层，复杂多变的环境能产生出什么？这不是几个实验就能说明清楚的。

◆原始地球环境复杂多变

既然如此，有谁能说清楚生命是怎样起源的呢？

拓展思考

1. 对于生命起源我们还有哪些未解之谜？
2. 你认为生命起源的关键因素是什么？
3. 艾根超循环论的主要内容是什么？
4. 你对生命起源有哪些猜测？说说你的想法。

你来自何方，又走向何处

"科学就在你身边"系列

生命单元的建构

早在40多亿年前,生命便以它最原始的形式——细胞,出现了。毫无疑问,原始细胞的出现,绝对是生命进化史上的一个里程碑!它的出现,标志着生命的诞生!正是由于它们在这漫长的岁月中不停地向前进化,才有了今天我们五彩缤纷的世界,当然,也包括我们人类自己!

那么,最初的原始细胞究竟是什么样子呢?在它向前进化的过程中又要面临哪些艰难险阻呢?在生命的进化史上,下一个里程碑又是什么呢?在如今的世界,还能找到它们当年的风采么?

让我们共同走进本章,来解开我们心中那些一连串的疑惑吧。

生命单元的建构

生命单元的建构

NI LAIZI HEFANG YOU
ZOUXIANG HECHU

细胞的自我组装
——原始细胞的形成

45亿年前地球到处是岩石，而今天它的表面处处充满生命。这巨大的变化是怎样发生的呢？生命是怎样起源的，细胞又是如何产生的呢？

地球上最早的原始生命应该是非细胞结构的生物。而从非细胞生物到生物细胞的进化，是生命长期演化历史中又一次重要的飞跃。因为只有原始生命进化到细胞，才能保证生物体的相对稳定，从而让进化的漫漫长路不断向前延伸。

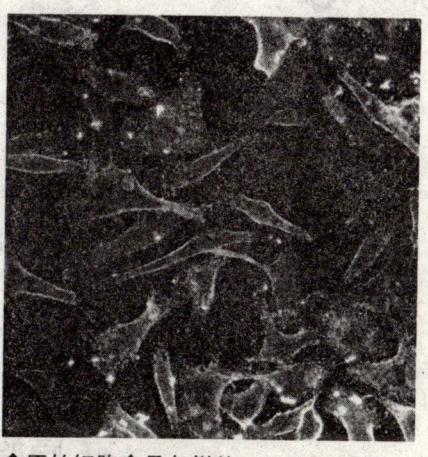
◆原始细胞会是怎样的？

原始生命

对于原始生命起源这个问题。如今科学家认为，原始生命最早出现在原始地球的原始汤。

那么原始生命体具体形式是什么样子的呢？科学家认为它可以独立地生存于海水中，具有一个原始膜。由于这种膜非常简单，因此物质交换依靠渗透作用。因为原始膜的选择性和稳定性较差，使原始生命生存与发展

◆原始汤

你来自何方·又走向何处

生命的起源与演化狂想曲

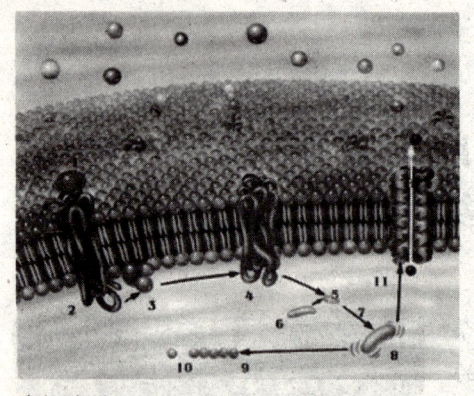

◆细胞膜

受到了严重影响。

因此,原始生命发展的首要任务是由原始膜向细胞膜的过渡。

细胞膜是一种具有选择功能的薄膜。它可以选择自己所需要的物质,使这些物质穿过薄膜,进入到细胞内;而对于那些不需要的物质,阻止在薄膜以外。

它嵌有蛋白质的类脂,具有双层膜结构。其中,蛋白质的功能是转运膜内外物质、转换能量等;而类脂双层可以帮助细胞吸水和脱水。细胞膜可以流动。所以有机体与环境进行物质和能量交换,可以通过细胞膜来完成。

原始细胞膜的形成标志着原始细胞的诞生。第一个原始细胞的出现,有机界的基础便产生了。在漫长的岁月中,原始的细胞膜内遗传系统逐渐完善,更多种类的酶也产生了,并提高代谢的效率。这些,推动了细胞内物质的分化,从而向更高的细胞形态发展。

原始的细胞

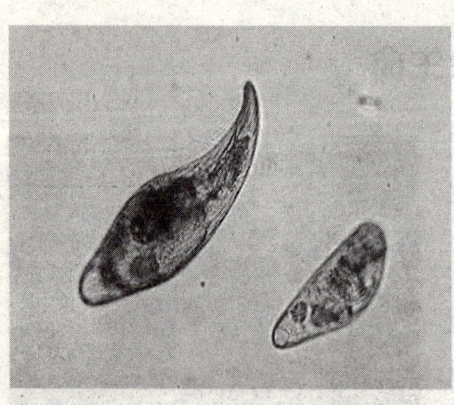

◆原始细胞

细胞是怎么产生的呢?要解答这个问题,我们就必须理解最原始的细胞。但是原始的细胞十分脆弱,给我们留下来的信息很少,所以至今人们仍然不知道它们的结构。

现代细胞中,可能有某些细胞与原始的细胞比较相似。通过综合分析与比较,可以对细胞起源作一些有意义的研究。

大量的事实表明,原核细胞和真核细胞有共同的起源。而且,原核细胞比真核细胞先出现。可以把原核细胞看成是一种比较原始的细胞。这

生命单元的建构

NI LAIZI HEFANG YOU ZOUXIANG HECHU

样,细胞起源问题就是原核细胞起源的问题。

但是,原核细胞已经是结构相当精密的细胞。因此,很难想象它们是如何从非细胞的生命形式中产生的。

是否存在一种比典型的原核细胞更原始、更简单的细胞或生物结构呢?

两种错误观点

很自然地,科学家们想到了病毒。病毒是一类更简单的生物结构。它们主要由核酸包以蛋白质外壳而构成。但随着对病毒深入的研究,发现这种观点是不对的。因为病毒是寄生的,只有在细胞内才有生命现象,脱离细胞后就不能繁殖,因此,病毒不可能在细胞之前出现。

科学家又想到了支原体这种微生物。它们是现代最小、最简单的细胞。更为重要的是,支原体能独立生存。

支原体细胞的结构简单,仅具有细胞

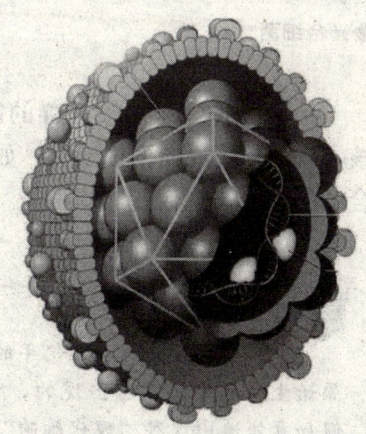

◆病毒结构

所必需的结构。它的外围是细胞膜,内部的细胞质中只有核糖体,数目可有上千个。它的基因组为双链DNA,散布于整个细胞内,没有形成核区或类核。可见虽然支原体很小,但结构和机能上是复杂的。因此,它们属于一类完整的生物。

合理的假设

那么,最原始的细胞有可能是怎样的呢?根据现在人们所掌握的资料,我们可以作一些合理的推测。

在原始生命还处于非细胞的时期,"RNA世界"中最初产生了能自我复制、裸露的生物大分子。之后,其中的生物大分子被一些脂类膜包围,成为

生命的起源与演化狂想曲

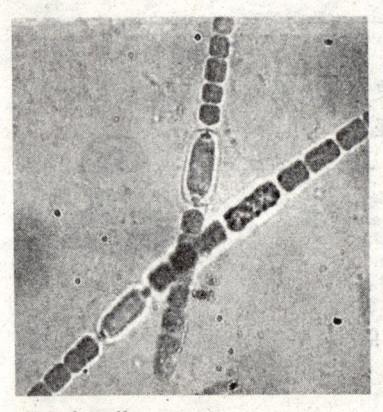

◆光合细菌

一种有膜的系统。刚开始时膜的系统是不稳固的，容易破裂，也有可能与另一有膜的系统融合。这种不稳定，使得膜内大分子利用环境中的小分子进行自我复制，从而产生更多类似的膜。膜的存在为最原始的生物大分子提供保护。这种系统就是最原始的细胞。

在最原始的细胞内，首先是"基因组"向复杂化发展，所以导致蛋白质生物合成的出现。进一步自组建立起核糖体，这样就成了现代细胞的雏形。

接着发展，建立较完善的能量代谢系统，基因组相对集中，形成类核，就进化为原始的细菌类。如果建立光合作用系统，就进化为原始的光合细菌，成了现代蓝藻的祖先。

链接

第一个活细胞用了几亿年的时间"从无到有"，这一点令人神往。如果原始生命是如此容易出现的，肯定有人会在实验室中试图重复这一过程。假如真能造出这种"现代细胞"，也会远逊于大自然中最简单的单细胞，毕竟它们经历了40多亿年的进化选择。

拓展思考

1. 在你的想象中原始生命是什么样子的？科学家的推测又是什么样子的？
2. 病毒是原始细胞的原始形态吗？为什么？
3. 细胞膜是如何形成的？

生命单元的建构

多细胞生物的鼻祖
——原核细胞的雏形

在生命进化的旅途上,到处充满了艰辛。可以说,当最初的生命形式向前稍微迈进那小小的一步,对于整个生命的历史来说,那已经是一座不朽的里程碑了。

生命从无到有,从非细胞形式到原始的细胞经历了几亿年的时间。然而,生命进化的形式并没有因此而停止。在之后漫长的时间里,它又朝着比原始细胞更为复杂

◆原核细胞模型

的生命形式探索。终于在生命进化的历程中,又一种新的生命形式诞生了!这就是原核细胞。

原核细胞

在原始细胞体内的组织是没有任何分化的。细胞质内的核酸、蛋白质和一些简单的酶系等相互混在一起。细胞内酶系的混杂,使得细胞体的调控很乱。这就促使了原始细胞的进一步分化。

在分化过程中,细胞质内不同的酶系逐渐集中,使细胞的代谢系统趋向于有序化。随着DNA的进

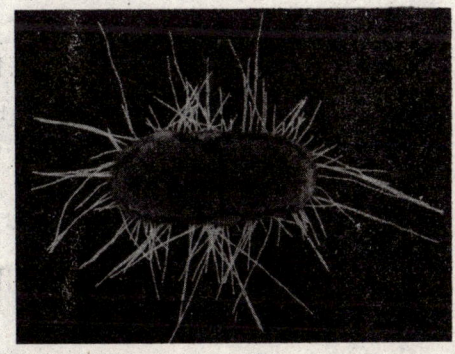
◆原核细胞结构

你来自何方·又走向何处

生命的起源与演化狂想曲

化,原始的染色质体也逐渐形成了。这些染色质体也相对集中于细胞中央,并进一步形成细胞的控制中心——核区。细胞的控制中心,使得细胞控制的能力进一步提高。

这时期所形成的细胞的特点非常类似于原核细胞的前身,因此,被称为是"前原核细胞"。

在原核细胞内,虽然有核区,但还没有核膜。在微生物中,细菌、支原体和光合细菌就属于原核细胞生物。它们对细胞演化起了非常重要的作用。

细菌

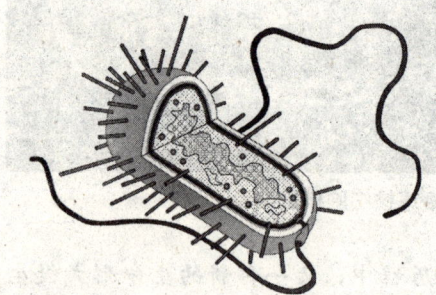

◆细菌结构

当最原始的细胞出现之后,有些原始细胞在环境的作用下,又开始了新的进化旅途的征程。

在最原始的细胞内,首先,"基因组"朝着更为复杂化的方向发展,促使蛋白质生物合成的出现。在原始细胞内,核糖体进一步自组建立,这样就成了现代细胞的雏形。之后,有些原始细胞继续向前进化,建立起比较完善的能量代谢系统,基因组进一步的集中,形成了类核,这就进化成了原始的细菌类。

这些原始的细菌类出现在33亿~35亿年前。因为它们没有真正的细胞核,因此,也被称为原核生物。它们的细胞繁殖方式主要是直接分裂。虽然它们的结构依然是很简单的,但它们的进化、产生在生物进化过程中有着重大的意义。

细菌是非常微小的单细胞生物。一般来说,它们的细胞直径在1微米左右,最小的细胞直径仅0.15微米,而最大的细菌直径为18微米。它们大多数是无色透明的,因此需染色并用高倍显微镜才能看到。

生命单元的建构

NI LAIZI HEFANG YOU ZOUXIANG HECHU

小博士

细菌在自然界中分布非常广泛。它们的适应能力非常地强。也可以说，凡是能够有生命存在的地方，都是它们的家园。当然，细菌聚集最多的地方还是土壤，那里为细菌生长提供了所需要的各种基本要素。土壤是人类最丰富的菌种资源库。在土壤中，细菌占土壤微生物总量的70%～90%。土壤中不同类型的细菌有不同的作用。

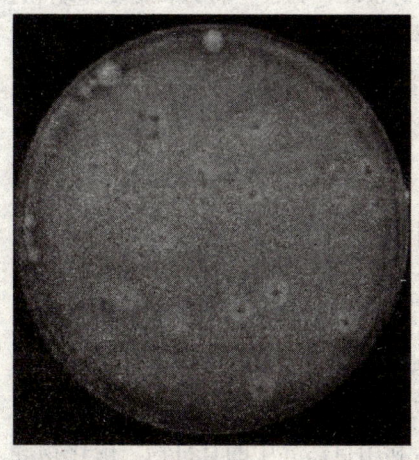

◆金黄色葡萄球菌菌落

它们的结构非常简单，细胞内只有细胞壁、细胞膜、细胞质和内含物等。其中有的细菌靠几条细丝状鞭毛运动，有的细菌的细胞壁外面有荚膜。

它们的外形随环境的变化而改变，按外形可以分为球状和杆状等。球状的细菌称为球菌，根据细胞数目及排列情况又分为单球菌、双球菌、链球菌、葡萄球菌和四联球菌等。乳酸链球菌和金黄色葡萄球菌就属于这一类细菌。杆状的细菌称为杆菌。按杆菌能否形成芽孢，分为芽孢杆菌和无芽孢杆菌。大肠杆菌和结核杆菌是这一类的代表。

小博士

人们本来以为原核生物是统一的一大类，但是在20世纪70年代后半期，发现了原核生物其实包含着彼此相距很远的两类生物真细菌类和原细菌类。进一步研究发现，真核生物的原核祖先应该是古代的某种原细菌，很可能与嗜高温嗜硫的原细菌的关系较为密切。而真核生物绝不可能来自真细菌类。

你来自何方，又走向何处

"科学就在你身边"系列

**SHENGMING DE QIYUAN YU
YANHUA KUANGXIANG QU**

生命的起源与演化狂想曲

讲解——细菌的繁殖

细菌繁殖速度之快是惊人的。细菌以分裂生殖的方式进行繁殖。在优越的条件下，细菌经20分钟就可以分裂一次。以此计算，在最佳条件下8小时后，1个细菌可繁殖到200万个以上，10小时后可超过10亿，24小时后，细菌繁殖的数量可庞大到难以计数的程度，经过一昼夜的分裂，它的后代将覆盖满整个地球表面。但实际上，由于细菌繁殖中营养物质的消耗、毒性产物的积聚及环境pH的改变，细菌绝不可能始终保持原速度无限增殖，经过一定时间后，细菌活跃增殖的速度逐渐减慢，死亡细菌逐增、活菌率逐减。

总之，由于昼夜温度及营养条件的变化，细菌常会停止分裂甚至死亡，避免了无限繁殖这一可怕现象的发生。

光合细菌

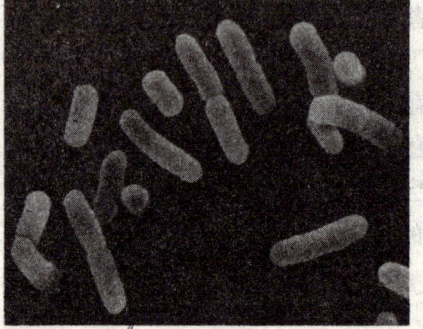

◆光合细菌

光合细菌是地球上出现最早的原核细胞生物。它们是在厌氧条件下，进行不放氧光合作用的。它们以光作为能源，利用自然界中的有机物、硫化物等作为供氢体进行光合作用。它主要出现在自然界水生环境中光线能透射到的缺氧地方，如土壤、水田、沼泽等处。它们最适宜的水温为28℃～36℃。

它们利用光能同化二氧化碳，与绿色植物不同的是，它们的光合作用产生的不是氧气而是氢气。同时它们还能固定空气的分子氮。它们在自身的同化代谢过程中，又完成了产氢、固氮、分解有机物三个自然界物质循环。其中紫色细菌就是光合细菌的代表。

紫色细菌是一种自养型细菌。因为它们含有不同类型的类胡萝卜素，呈现出不同的颜色，如紫色、红色、橙褐色等，故称为紫色细菌。它们大多分布在含有可溶性有机物和低氧压的水生环境中，如淡水、海水和高盐地区等。人们在潮湿的土壤和水稻田中也经常能发现它们。

生命单元的建构

NI LAIZI HEFANG YOU ZOUXIANG HECHU

> **链 接**
>
> 肺炎支原体是人类肺炎的病原体。支原体肺炎以间质性肺炎为主，有时并发支气管肺炎，称为原发性非典型性肺炎。主要经飞沫传染，潜伏期2～3周，发病率以青少年最高。一年四季均可发生，但多在秋冬时节。

支原体

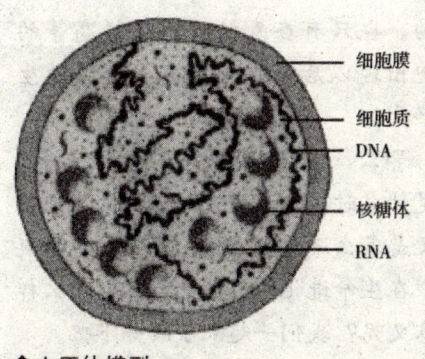

◆支原体模型

支原体又称为霉形体，是发现的最小最简单的原核生物。在支原体细胞中，可见的细胞器只有核糖体。

支原体非常小，小到就连滤菌器都可以通过。它们的大小一般为 0.2～0.3μm。因为它们没有细胞壁，所以不能保持固定的形态，从而呈现出多种形态。由于凡能作用于胆固醇的物质，都可以引起细胞膜的破坏从而使它们死亡，所以在它们的细胞膜中胆固醇含量很高，约占36%。

它们的基因组是一个环状双链DNA。DNA分子量小，使得它们的合成与代谢受到限制。

拓展思考

1. 原核细胞的结构是什么样的？它包括哪几部分？
2. 前原核细胞有核膜吗？
3. 你能例举出几个原核细胞生物？
4. 细菌是如何演化来的？

生命的起源与演化狂想曲

生命大厦的奠基石
——真核细胞的诞生

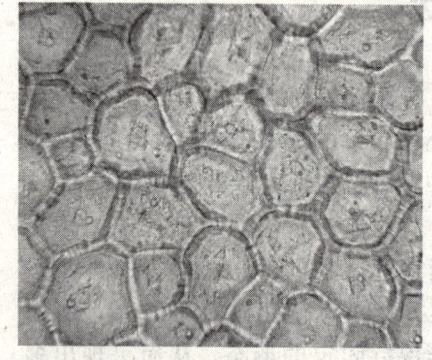

◆显微镜下的细胞

目前人们已知的生物有200多万种，其中大多数生物是由真核细胞构成的。也只有在真核细胞这样高等的细胞出现以后，才会有更多形式的生命产生。

那么，在生命的演化史上，它们又是什么时间出现的呢？它们的原始祖先又是怎么演化成的呢？真核细胞的诞生，在生命进化的历史上，又有什么样的意义呢？我们一起来了解一下吧。

真核细胞

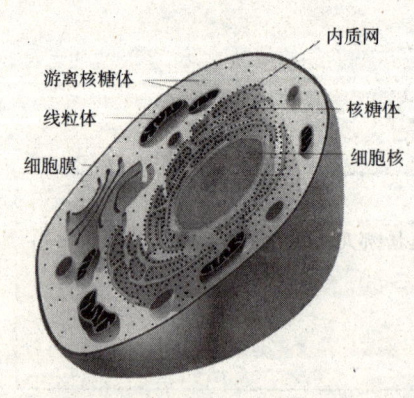

◆真核细胞结构

真核细胞是一种更为高级的细胞。它是指细胞内含有真核的细胞。除细菌和蓝藻植物的细胞以外，所有动物细胞和植物细胞都是真核细胞。

与原核细胞相比，真核细胞的结构已经进化得更为复杂。在细胞的内部出现了多种功能不同的细胞器，如内质网、高尔基体、线粒体和溶酶体等细胞器。在叶绿体和线粒体里可以进行光合作用和氧化、磷酸化作用。

NI LAIZI HEFANG YOU
ZOUXIANG HECHU

生命单元的建构

真核细胞的染色体数在一个以上，可以进行有丝分裂。在真核细胞的核中，DNA与蛋白质共同组成染色体结构，在核内可看到核仁。

真核细胞的起源

真核生物大概已经有30亿年的历史了。对于真核生物的祖先，人们推测很可能是一种具有吞噬能力的古核生物。这些生物依靠吸收周围的糖类，来获得所需的能量。当时的环境中应该还存在着另一种真细菌，它们可以更好地利用糖类，从而产生更多的能量。

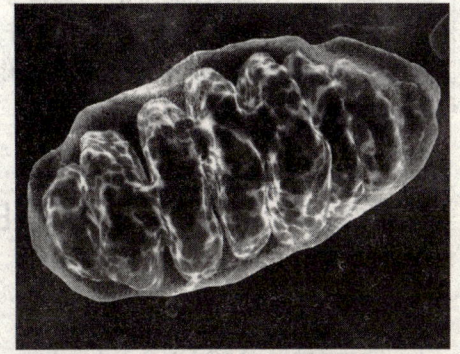

◆线粒体

随着生命演化，有些古核生物将真细菌作为食物吞噬掉。这些古核生物不但没有将它消化，反而与它建立起了共生关系：古核细胞为真细菌提供很好的生存环境，而真细菌可以供给宿主多余的能量。

这种关系对双方都有好处，所以双方在进化中就将这种关系固定下来。真细菌因为环境的改变，一些不必要的结构和功能逐渐退化消失。最后，细胞内的真细菌演化为古核细胞的细胞器官——线粒体。

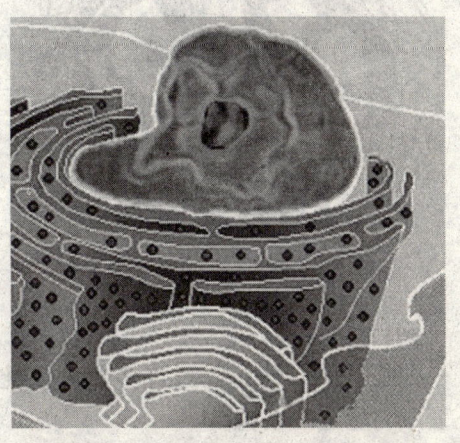

◆细胞核

对于古核细胞来说：一方面，它的能量依赖于内共生的真细菌，另一方面为了防止自身的遗传物质被内部的真细菌"吃掉"，也产生了一系列的变化。

首先是细胞膜大量内陷，形成了原始的内质网膜，限制了内部真细菌的活动；其次，原始的内质网膜系统中的一部分进一步进化，将细胞的遗传物质包在一起形成了细胞核，这一部分内质网就转化成了核膜。

SHENGMING DE QIYUAN YU
YANHUA KUANGXIANG QU

生命的起源与演化狂想曲

此时,一种更加进步的生命形式诞生了!这就是真核细胞——原始的真核原生生物。

小知识

线粒体(mitochondrion),来源于希腊语 mitos("线")+ khondrion ("颗粒"),也称为粒线体,它存在于大多数真核生物(包括植物、动物、真菌和原生生物)细胞中。线粒体被称为"细胞能量工厂",因为它的主要功能是将能量转化为 ATP。

核被膜的起源

真核细胞与原核生物最根本的差别是:真核细胞的真核被核膜所包裹,而原核生物没有。

那么最原始的真核是怎样形成的呢?有一种合理的推测是这样的:

在原始的真核原生生物体内,邻染色质的原始性内质网部分,把所在的区域包围起来,形成核被膜,被包围的染色质也就成了染色体。起初,原始的真核只是

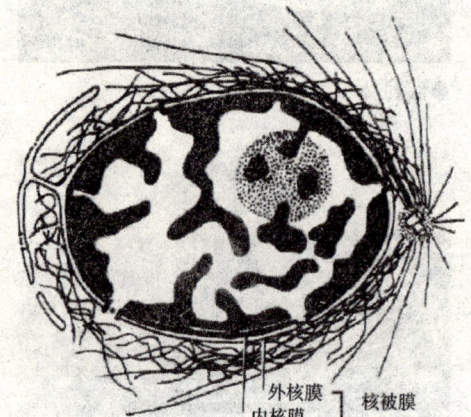

◆核被膜

一种临时的结构。经过许多代的演化才变成为稳定的结构。

至于原始真核形成并稳定下来的原因。一般认为,这种变化可以为染色质提供有利的环境。例如,核中的 PH 值和各种离子的浓度等与细胞质中不同。

以上的设想是有依据的,核被膜本来就是内质网系统的组成部分。它们有很多相同的地方,如它们的膜上都附着有大量的核糖体。在低等真核

真核细胞与原核细胞的本质差别是什么?

你来自何方,又走向何处

生命单元的建构

生物中，核被膜经常与内质网膜相连。这在高等真核生物体内有时也可以看到。

染色体的起源

真核细胞的染色体又是从哪里起源的呢？研究发现，它可能来自原核祖先的染色质体。因为在原核生物体内，每个染色质体都是一个基因组；而在真核细胞内，只有全部的一组染色体才是一个基因组；染色体要周期性地变化，在细胞间期中染色体以解螺旋化的状态存在，染色质体则一直是以螺旋化的状态存在。

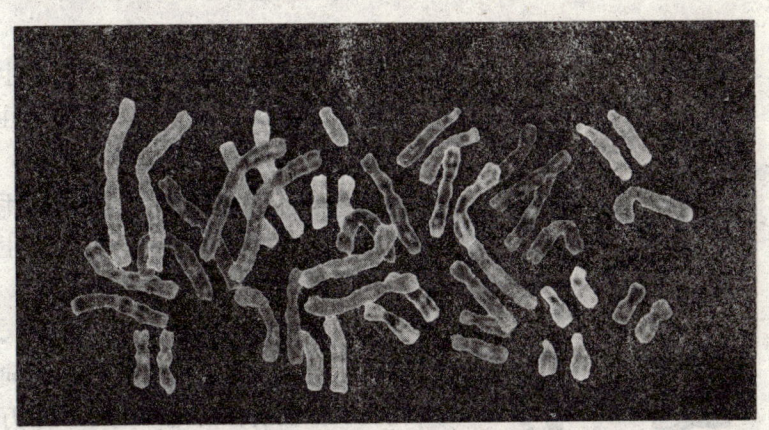

◆染色体

染色体中含有5种碱性组蛋白，而染色质体内碱性组蛋白种类极少；真核细胞的染色质含有核小体，原核生物则不含。从染色质体中会伸出临时性的DNA侧环，以进行RNA的转录。而染色体只有在解螺旋化以后才会执行此功能。

在最原始的真核中，染色体应该还保留着染色质体的特性。经历

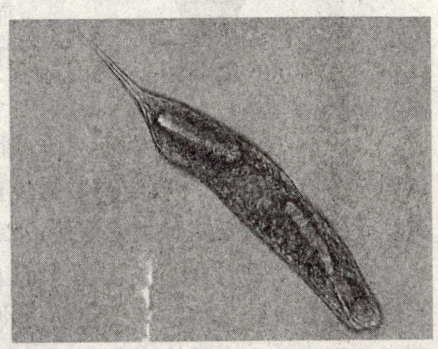

◆眼虫

SHENGMING DE QIYUAN YU
YANHUA KUANGXIANG QU
生命的起源与演化狂想曲

了漫长的时间后，原始性的真核进化成了典型的真核，才有了典型的染色体。

在低等真核生物中，可以看到染色质体向典型的染色体逐步过渡的形式。例如，眼虫类的染色体，在整个细胞周期中始终保持浓聚状态。但它已经有5种组蛋白和核小体。涡鞭毛虫的染色体，在细胞化学特性上跟眼虫类的染色体类似，虽然只有一种碱性蛋白，但是已经有类似核小体的结构。尖尾藻与涡鞭毛虫的核分裂方式不同，但与真菌的有丝分裂方式相近。这说明尖尾藻比涡鞭毛虫的更为原始。

真核细胞起源的意义

◆生物进化谱系树

真核细胞诞生之后，为有性生殖的自然形成提供了条件。如果按无性生殖与有性生殖划分生物进化的历史，那么在这30多亿年中，将近20多亿年的时间处在无性生物的时代。在无性生物的时代，生命长期处在单细胞阶段，进化非常地缓慢。直到近十来亿年前，随着有性生殖的出现，生物才迅速地向前进化发展。在现在的地球上200多万种生物中，有性生殖的种类占了绝大多数，而原始的无性生殖生物只有1%～2%的比例。

真核细胞是高等多细胞生物的基本组成部分。它与原核细胞相比，使生物体向两个方面进化：一是使生物体的结构变得复杂化，增加了生物的变异，导致了真核细胞种类的增多；二是使生物体功能复杂化。

在原核生物时代，地球上只有以异养的细菌和自养的蓝藻组成的生态系统。随着真核生物的产生和动植物的分化发展，才出现由动物、植物和菌类所组成的生态系统。从此以后，生物进化的水平进入一个新的阶段。

NI LAIZI HEFANG YOU
ZOUXIANG HECHU

生命单元的建构

拓展思考

1. 真核细胞的结构是怎样的？
2. 真核细胞的细胞核与原核细胞有什么不同？
3. 染色体是如何起源的？
4. 真核细胞的出现对生物的进化有哪些重大意义？

你来自何方，又走向何处

SHENGMING DE QIYUAN YU
YANHUA KUANGXIANG QU
生命的起源与演化狂想曲

针锋相对
——真核细胞起源的两种假说

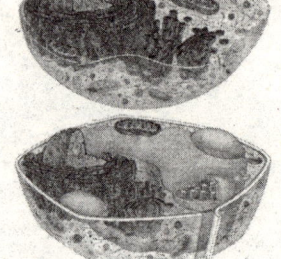

◆上图为动物细胞结构，下图为植物细胞结构

真核细胞是怎么起源的呢？它是由某种古代原核细胞进化来的，但对具体过程却众说纷纭。与原核细胞相比，真核细胞除了有细胞核外，细胞质中还有多种细胞器。这些细胞器的起源和进化同样是细胞进化的大事。争论最多的是线粒体和叶绿体的起源和进化。对于这个问题，现代生物界还没有统一的答案。主要存在两种观点：乌采尔的质膜内褶假说和马古里斯的内共生假说。

质膜内褶假说

质膜内褶假说又称为经典假说或进化假说。它认为原核细胞是通过变异和自然选择进化成真核细胞的。而真核细胞中的细胞核和内质网、线粒体、叶绿体等细胞器是由质膜内褶，将细胞分隔成若干功能区域形成的。线粒体、叶绿体跟原核细胞的部分相同之处，是由它们共同的祖先保留下来的。

20世纪70年代，乌采尔等人对质膜内褶假说作了阐述。他们认为，进化成真核细胞的原核细胞是需氧型的，而且还可以进行光合作用。这些进化的原核细胞，在DNA复制时，细胞没有分裂，结果使细胞中含有几套DNA，分别附着在质膜的内表面上。后来该处质膜发生内褶，分别包

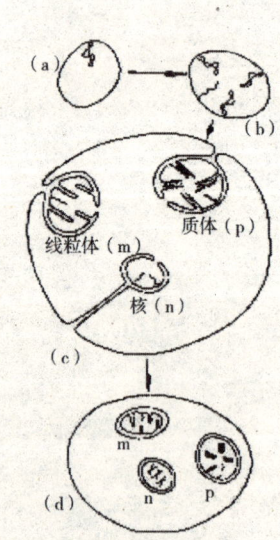

◆质膜内褶假说示意图

生命单元的建构

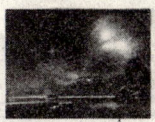

围了各套 DNA，就形成了有双层膜的小体。

最初在结构和功能上，这些小体非常相似，后来慢慢分化，分别演变成了有双层膜的核、能进行光合作用的叶绿体和进行有氧代谢的线粒体。

在这个过程中，线粒体和叶绿体 DNA 分子的部分片段转移到核内，结果导致了线粒体或叶绿体的外膜和内膜在蛋白质组成上的不同。这些进化的原核细胞质膜发生内褶，扩大了代谢面积，有利的变异能被自然选择所保留，最后进化成真核细胞。

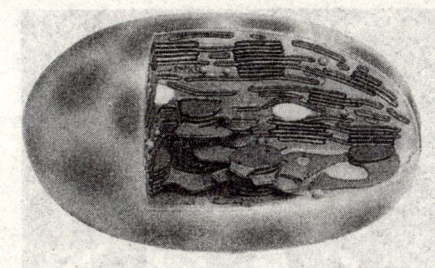

◆叶绿体

内共生学说

对于线粒体和叶绿体起源，另一个学说是内共生学说。

所谓内共生，就是指一种较大的细胞，把另一种较小的细胞"吞吃掉"，但不把小细胞消化，而是与它建立起互惠的共生关系。也就是说，大细胞利用小细胞的某种功能，小细胞则利用大细胞提供的环境与食物，都可以更好的生存。建立这种关系的细胞可以是同一类的细胞，但更多的是不同类的细胞。

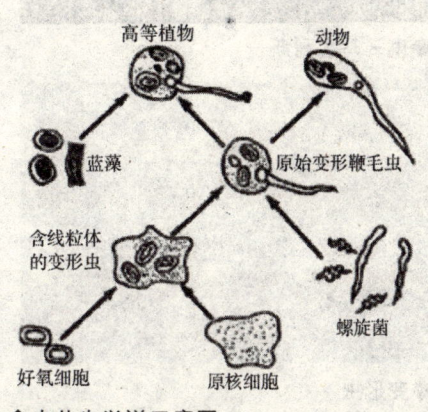

◆内共生学说示意图

名人介绍——内共生学说的建构者

琳·马古利斯（Lynn Margulis）是一位美国生物学家。因有关真核生物起源的理论而著名，也是现今生物学所普遍接受的内共生学说的主要建构者，此学

生命的起源与演化狂想曲

◆琳·马古利斯

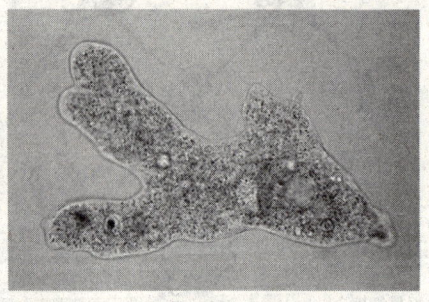

◆变形虫

说解释了细胞中某些胞器,如粒线体的由来。她曾获选进入美国国家科学院与俄罗斯科学院,并曾在1999年获颁美国国家科学奖章。

1970年,琳·马古利斯在《真核细胞的起源》中,系统论述了真核生物的内共生起源假说。按照这个假说,大约在十几亿年前,一些大型的具吞噬能力的细胞,先后吞并了几种原核生物(细菌和蓝藻),后者没有被吞噬细胞分解消化,反而从寄生过渡到共生,并成为宿主细胞的细胞器。例如,好氧细菌成为线粒体,鞭毛细菌成为型鞭毛,蓝藻成为叶绿体。这一假说得到了现代生物学的支持。

在现代生物界,内共生的例子有很多。

有些真核细胞共生于其他种类的真核细胞。如许甲藻和硅藻可以共生在高等植物、真菌、其他藻类以及脊椎动物和无脊椎动物的细胞中。

原核细胞共生于真核细胞的情况也有很多,比如蓝藻可以共生在真菌、变形虫、鞭毛虫等细胞中,蓝藻可以进行光合作用,为宿主提供一定的养分。细菌可以共生在真核生物的细胞中,在不少昆虫的细胞中,就有共生的细菌,这些细菌对于昆虫的细胞来说,有着重要的生理意义。在池沼多核变形虫的细胞(大小有2mm~3mm)中并没有线粒体,但有一些共生细菌,这些细菌实际上是起到了线粒体的作用。

线粒体和叶绿体的内共生起源学说相对是成功的,越来越多的事实和新发现支持这个学说。

生命单元的建构

存在的疑问

然而这些假说仍然存在着许多问题。

对于质膜内褶假说,既然说细胞核、叶绿体、线粒体起源相同,为什么它们的遗传物质有那么大的差别呢?又该如何解释线粒体、叶绿体在结构特点和生理过程方面与原核生物的许多相似之处呢?最重要的是,质膜内褶假说根本没有实验依据。

> 质膜内褶假说和内共生学说的理论都很完备了吗?它们都有哪些缺陷呢?

当然,内共生学说也存在着一些不足。对内共生学说来讲,细胞核的起源是无法解释的。

1. 对于真核细胞起源有哪两种假说?它们的理论内容是什么?
2. 你能说说琳·马古利斯对生物学有什么贡献吗?
3. 你能举出几个现代生物界内共生的例子吗?
4. 质膜内褶假说和内共生学说存在什么问题?

SHENGMING DE QIYUAN YU
YANHUA KUANGXIANG QU
生命的起源与演化狂想曲

正在发生的细胞起源
——细胞重建学说说

你来自何方，又走向何处

▲细胞重建学说的创始人——贝时璋

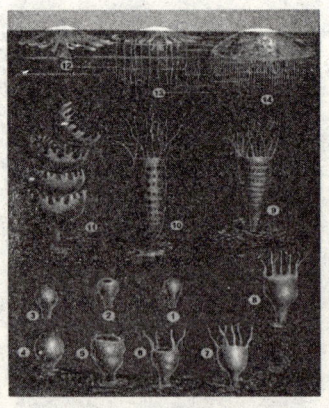

▲"细胞来自细胞"示意图

人体内每时每刻都有许多细胞繁殖新生，更换衰老死亡的细胞，以维持机体的生长、发育、生殖及损伤后的修补。除了人体，实际上世间所有生物的细胞都是要进行繁殖的，而在一个多世纪以来，我们一直认为细胞的繁殖是通过细胞的分裂来实现的，并且细胞分裂是细胞繁殖的唯一途径。生物学界也正是在此基础上发展着细胞学理论。

但是，事实真的是这样的吗？细胞有没有其他的繁殖方式呢？这些问题又对细胞的起源甚至是生命的起源有什么影响呢？请走进细胞重建学说，我们为您答疑解惑。

学说的提出

细胞学已经有100多年的历史了。早在1838～1839年，德国的植物学家马蒂亚斯·雅各布·施莱登和动物学家索多·施旺共同创立了细胞学说。

到了1871年，德国病理学家魏尔肖，再次提出"细胞来自细胞"的理论，从而形成了一个完整的细胞学说。

生命单元的建构

NI LAIZI HEFANG YOU
ZOUXIANG HECHU

名人介绍——细胞学说的创始人

马蒂亚斯·雅各布·施莱登（1804～1881年），德国植物学家，细胞学说的创始人之一。1824～1827年在海德堡学习法律，当过律师。曾在耶拿大学学习植物学。1838年，他发表了著名的《植物发生论》一文，提出了关于细胞的生命特征、细胞的生理过程以及细胞的生理地位的理论。该文刊登在1838年出版的《米勒氏解剖学和生理学文集》上。德国动物学家施万将此概念扩展到动物界，从而形成了所有植物和动物均由细胞构成这一科学概念，这标志着第一个较为系统的细胞学说的建立，"细胞学说"被恩格斯誉为19世纪自然科学三大发现之一，对生物科学的发展起了巨大的促进作用。

◆马蒂亚斯·雅各布·施莱登

生物学界一直认为，细胞是以分裂的方式繁殖的；分裂方式是细胞繁殖的唯一途径。然而，随着科学水平的不断进步，人们发现"细胞重建"有可能是另一种细胞增殖方式。我国科学院生物物理研究所的贝时璋院士，最早提出了"细胞重建"，发现了细胞繁殖的另一条途径。

小故事——细胞重建的发现

1932年，贝时璋院士在杭州"松木场"采集到一种名为丰年虫的甲壳类动物。经观察发现，其中一些具有特殊的体态，雌个体的头部像雄性，而雄个体的头部像雌性。进一步研究发现，这些是一种中间性。依据性状偏向的程度不同，将中间性分为雌中间性和雄中间性。由于某一时期丰年虫会发生两性的转变，其生殖细胞也随着发生

◆丰年虫

你来自何方，又走向何处

· "科学就在你身边"系列 · · 115 ·

转变。这一过程包括细胞的解体和重新形成，也就是细胞解形和细胞重建。

学说例证

细胞重建学说提出之后，便引起了人们的很大的争议。因为这涉及到细胞学中根本性的问题。那么细胞重组学说是否正确？之后由于各方面的原因，细胞重建的研究中断了。直到20世纪70年代，细胞重建的研究又重新展开了。

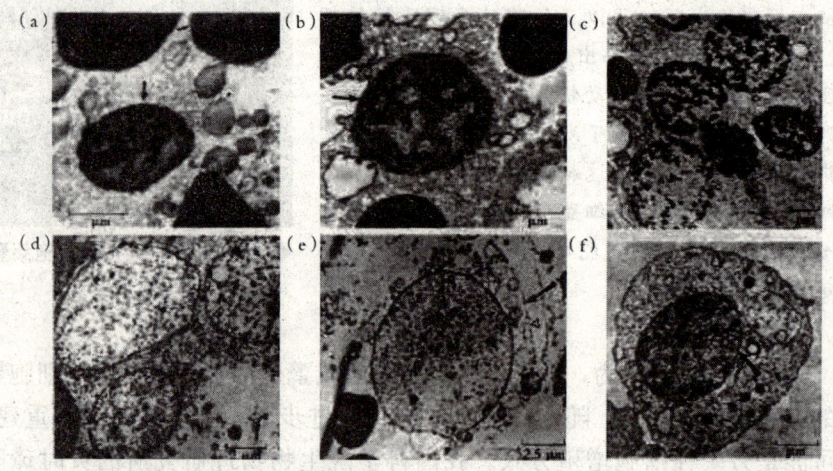

◆卵黄颗粒重建为细胞的电子显微镜观察
a. 卵黄颗粒开始发生结构变化，b—c. 卵黄颗粒结构进一步变化，d. 已发展成重建的裸核，e. 重建核的外面正在形成细胞质和细胞膜，f. 已形成一个完整的重建细胞

随着仪器的精密度提高，人们发现，细胞重建现象不仅在生殖细胞中存在，体细胞中的干细胞也可能存在，还在胚胎时期的体细胞中普遍存在。

细胞重建现象在鸡胚中是普遍存在的。从鸡的胚胎时期有细胞重建这一现象，可以推论出各种生物在发育、造血和肿瘤形成等过程中都可能有细胞重建现象。

生命单元的建构

学说内容

经过多年的研究，细胞重建学说发展成了较完整的理论体系。其主要内容如下：

细胞重建是一个自然发生的现象。只要具备一定的条件，在生物体内就有可能发生细胞重建。自然界中细胞重建广泛存在。无论是真核细胞、原核细胞均能重建。染色质不是细胞核特有的，卵黄粒只出现在有生命的细胞内。如果卵黄颗粒内有DNA和组蛋白，在合适条件下可重建细胞。细胞和细胞核均可以从细胞质重建。细胞重建有可能是地球上细胞起源的一种方式。细胞重建和细胞分裂不同，在重建过程中的细胞组分始终和周围环境打成一片。

名人名言

贝时璋的名言

一个真实的科学家是忠于科学，热爱科学的。热爱科学，不是为名为利，而是求知，爱真理，为国家做贡献，为人民谋福利。

名人介绍——我国生物物理学的奠基人

贝时璋早年从事无脊椎动物实验胚胎学和细胞学的研究，对细胞数恒定动物与再生的关系作了深入的研究；20世纪30年代初发现了中间性丰年虫，并观察到其雌雄生殖细胞的相互转化现象；20世纪70年代提出了细胞重建学说。重视交叉学科，致力于我国生物物理学的发展，先后组织开拓了放射生物学、宇宙生物学、仿生学、生物工程技术、生物控制论等分支领域和相关技

◆贝时璋

 生命的起源与演化狂想曲

术,并培养出一批生物物理学骨干人才。贝时璋是第一届中央研究院院士和第一届中国科学院院士,曾任中国科学院生物物理研究所荣誉所长。

研究的意义

对生命如何起源,细胞重建学说给出了一种合理的解释。

在生命的进化过程中,生命从比较原始的非细胞进化为细胞。如果认为细胞分裂是细胞增殖的唯一方法,就不能了解细胞是如何起源的。因为细胞最初不可能是很复杂的形式。

而细胞重建是从无到有的细胞繁殖方式。在地球原始生命出现之后,可能以某些非细胞态的生命为基础,经历像细胞重建那样的过程而形成原始的细胞。细胞重建现象可能是地球上细胞起源的缩影。

 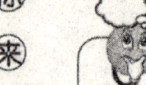 你知道吗?

在现存生物体内寻找由非细胞转变为细胞的途径,应该是研究细胞起源的一种直接方法。

 拓展思考

1. 细胞重建学说是如何提出的?
2. 是谁提出了细胞重建学说?他对我国生物物理学有哪些贡献?
3. 细胞重建学说的主要内容是什么?
4. 细胞重建学说对细胞起源的研究有何意义?

多细胞生物的进化

在漫长的岁月中,生命从它最初的原始单细胞,不断地进化着自己的模样,一次比一次精彩,一次又一次地让我们激情澎湃!

在生命的进化史上,都有哪些精彩的画面呢?这一次次扣人心弦的精彩时刻,是怎样出现的呢?它们又是以什么样的顺序出现的?如今的人们,又是依据什么,让生命的历史重现呢?

相信本章一定会为我们解开这些疑惑,同时它还一定会让我们大饱眼福的!还等什么,让我们马上开始吧!

多细胞生物的进化

NI LAIZI HEFANG YOU
ZOUXIANG HECHU

缤纷的海上之花
——海生藻类世界

在很久很久以前，原始的光合细菌部分演化成一种新的生命形式，它主要生活在大海中，但能进行光合作用，它的形态大小各异，它们没有真正的根、茎、叶，也没有维管束，但是却是植物这个大家族的原始祖先，这种简单但又十分重要的生物就是藻类。

地球早期的历史上，藻类在创造富氧环境中发挥着重要的作用，而现在藻类仍然是生态环境很重要的一部分，所以对藻类我们值得进行好好的研究。

◆藻类

在18亿年前，海洋中的藻类作为地球上的主要植物覆盖了大片的海域，不同藻类的体内含有不同的色素，有蓝的、绿的、红的等等，五彩缤纷。它们之中不仅有单细胞体，也有多细胞体，甚至有更复杂的结构。在这个时期，藻类植物在海洋中极其繁盛，所以称为藻类植物时代。

科学家推测，最古老的真核藻类的出现是在18亿年前，最早出现的真核藻类是单细胞；在10亿到7亿年前，渐渐出现了多细胞藻类；之后在7亿到4亿年前，多

◆哥伦比亚有条著名的五彩河，因为河床上生长着大量不同类型和颜色的藻类、苔藓，这条河在不同区域会呈现不同的颜色，包括绿、蓝、黑、红、黄以及更加丰富的渐变色

你来自何方，又走向何处

生命的起源与演化狂想曲

细胞藻类大量繁殖；到了大约5.7亿年前，各种藻类的进化基本上趋于完备。

不能没有你

在前面我们提到，地球诞生之初，大气中没有氧气，地球没有臭氧层这个保护伞，陆地完全暴露在强烈的紫外线照射之下，地球上的所有生命就只能依靠水来抵挡紫外线，所以最初的生命只有在水中才能得以生存。而自从藻类植物出现之后，其进行的光合作用逐渐地改变了大气的成分。氧气在大气中的比例逐渐增高，渐渐在地球外形成了臭氧层。这时，大部分紫外线被臭氧层吸收，地面不会被强烈的紫外线直接照射，这样就为生物登上陆地创造了条件。

在35亿年前，前细菌和蓝藻之类的原核生命已经存在，并且开始繁衍后代。原核细胞生物才进化成真核细胞生物。

  你知道吗？

地球初期环境的改变很可能是由于藻类的大量繁殖，为生命进化提供了充分的条件。

 广角镜——古老的真核生物

◆螺旋形化石

1991年，美国科学家在密歇根州21亿年前含铁丰富的岩石中，发现了一种盘旋成螺旋形的化石，直径在10毫米到30毫米之间。如果完全将它展开，长度可达90毫米。这是已知最古老的真核生物，这些化石没有显示或很少显示内部结构，但是，美国的科学家根据其大小和形状认为，它们一定属于具有真核细胞的藻类。

多细胞生物的进化

蓝藻时代

科学家们经过研究发现，蓝藻可能在35亿年前就已经出现了。蓝藻是海洋中最早出现的生物。在前寒武纪时期，生物界一直是蓝藻和细菌的天堂，蓝藻生产有机物，而细菌则是消费和分解有机物的。它们比蛋白质团的结构要完整得多，但是比起现在的生物来说其结构仍然很简单。它们没有细胞核，不具有线粒体、叶绿体等由膜组成的细胞器，但是这些都不影响其进行光合作用，因为这个过程可以在其细胞质中完成。

◆蓝藻

 蓝藻属于哪一类生物？

由于蓝藻没有完整的细胞结构，是原核生物，结构和典型的细菌相似，所以很多人认为它属于广义的细菌，故把其划分到微生物一类中。但是它又能进行类似高等植物的光合作用，并且具有细胞壁，也有人说它是原核藻类，即是一类低等植物，有些植物学书上将它分到藻类植物中。因此，说它是植物也似乎合情合理。所以这两种说法都有它的道理，只不过是分类标准不一样罢了。

◆蓝藻模式图

— 细胞壁
— 细胞膜
— 细胞质
— DNA
— 核糖体

你来自何方，又走向何处

SHENGMING DE QIYUAN YU YANHUA KUANGXIANG QU
生命的起源与演化狂想曲

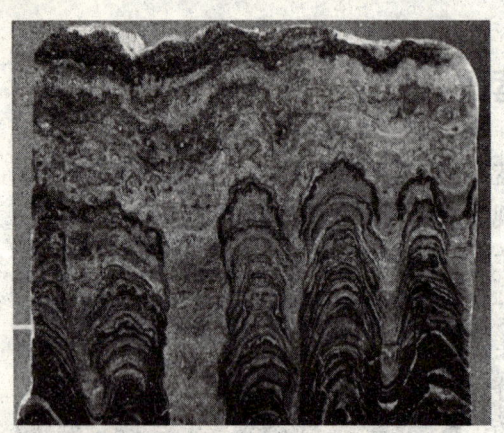

◆蓝藻化石层

大约30多亿年到25亿年前的蓝藻都是一些简单的单细胞球状蓝藻，它们被认为是最原始的蓝藻，后来渐渐出现了一些丝状蓝藻，然后一些丝状蓝藻又变为了带异形胞的念珠藻。以后的蓝藻又分化发展为许多各式各样不同类型的蓝藻。蓝藻也是由水生逐渐转向陆地发展，出现了湿生或树生的蓝藻。后来有些蓝藻又发展出了与某些真菌、真蕨等的共生关系。

原始的蓝藻数量极多，繁殖也很快。它们能在没有氧气的环境下生存，释放氧气。它们也不怕原始环境下强烈的紫外线。它们在改造原始大气成分上作出了骄人的成绩，经过它们的作用，大气的性质才逐渐由还原性转为氧化性。因为氧气对所有的真核生物都是必不可少的，所以蓝藻的出现，推动了整个生物界的进化发展，在进化史上具有极其重要的意义。

藻类在地球上曾有过一个几世纪的全盛时代，如今它们植物体的组织逐渐复杂起来，达到了更完善的程度。

绿藻

大约在10亿年前，在生物进化的长河中，逐渐产生了具有细胞核，能自行制造有机物质的植物，这其中就有一种很重要的藻类叫绿藻。绿藻的细胞与高等植物相似，不仅有细胞核还有叶绿体，并且有相似的光合色素、贮藏养分以及细胞壁的成分，因此科学家认为高等植物起源于绿藻，它是后来的高等陆生植物的祖先。绿藻的色素中以叶绿素a和叶绿素b居多，还有叶黄素和胡萝卜素，所以呈现绿色。

多细胞生物的进化

NI LAIZI HEFANG YOU
ZOUXIANG HECHU

历史趣闻

生物学家纳斯在1970年曾预言,有一种未经发现的绿色的原核光合生物。5年之后,美国藻类学家赖文,在一种海生的脊索动物海鞘的泄殖腔沟纹处,发现一种从未见过的绿色单细胞藻类。其结构正如5年前纳斯所预言的那样,是没有真正的细胞核即原核的绿色藻类。

1. 你见过藻类吗?说说你见过的藻类的特点。
2. 藻类对生物的起源和演化起到了哪些重要作用?
3. 蓝藻是植物吗?说出你的理由。
4. 通过各种方式了解一下藻类泛滥有什么危害?

你来自何方,又走向何处

SHENGMING DE QIYUAN YU
YANHUA KUANGXIANG QU
生命的起源与演化狂想曲

生命从此着陆
——蕨类植物的出现

◆蕨类植物的叶子

最早的陆生植物化石可追溯到约4.25亿年前的中志留世，它们就是蕨类植物，它们是最早对陆地产生重要影响的生物，只有陆地上有了蕨类植物，动物有了赖以生存的食物和栖息之地之后，它们才能试图登上陆地。因此植物走上陆地是生命演化中的重大事件之一，从此生命演化的舞台由海洋拓展到了陆地上。

在距今3.6亿～2.5亿年前的石炭纪和二叠纪时期，陆生生物飞跃发展。裸蕨植物逐渐减少了，代之而起的是真蕨和种子蕨等，繁茂生长，形成沼泽森林；生命就沿此足迹不断地演化着……

关于蕨类植物的起源问题，植物学家的意见并不统一，但是在分析了一些化石之后，科学家发现蕨类植物最早出现于4亿多年前，所以现在多数人根据古植物化石推断认为，距今4亿年前的裸蕨植物是蕨类植物的祖先。不过大部分现代真蕨类还缺少足够的化石证据。

裸蕨植物没有根、茎、叶分化，但是具有最原始的维管系统，它出现在古生代至留纪，在早中泥盆纪时达到鼎盛时期，中泥盆纪以后逐渐减少消失。由于陆地生活的生存条件多种多样，为适应多变的生活环境，这些植物不断向前分化和发展，导致裸蕨家族颇为复杂，其衍生出的种类也很多很杂。据研究，裸蕨植物并不是自然界的某一类，而是一个极其庞杂的

多细胞生物的进化

大类群。科学家们普遍认为，裸蕨植物代表了植物演化中最原始的高等生物，它的出现，是植物发展史上的又一次巨大飞跃。

拓展思考

> 发现于西伯利亚寒武纪的阿登木，以及发现于澳大利亚志留纪的刺石松等化石植物，因其形态特征和地质年代的古老性，因此被认为蕨类植物并不完全是起源于裸蕨植物，而是起源于比它们更原始的类型或是共同的祖先，但是由于化石保存条件的限制，现在的认识还很不完善，需要进一步研究。

裸蕨植物的起源

关于裸蕨植物的起源问题，植物学家众说纷纭。蕨类植物起源于藻类是现在大多数人的看法。而它究竟起源于哪一种藻类植物，意见又不统一，主要分歧就在绿藻和褐藻之间。认为裸蕨起源于绿藻的是因为裸蕨的叶绿素与绿藻相同，它与绿藻贮藏的营养都是淀粉类等物质，在生殖时它们产生的游动精子都具有两条等长的顶生鞭毛，等等。认为裸蕨起源于褐藻的理由是褐藻中不但有孢子体和配子体同样发达的种类，也有孢子体比配子体发达的种类，而且褐藻植物体结构复杂，并有多细胞组成的配子囊。也有人认为，裸蕨可能起源于苔藓植物。因为裸蕨中的种类没有真正的叶与根，只在横生的茎上生有假根，这与苔藓有相似之处。但缺乏足够证据，又难以解释其他一些问题。还有人认为，裸蕨植物和苔藓植物有同一祖先，

◆裸蕨植物

生命的起源与演化狂想曲

都起源于藻类，是平行发展而来的，只是朝着不同的发展方向发展而已。

在漫长的历史过程中，裸蕨植物是沿着石松类、木贼类和真蕨类三条路线进行演化和发展的。

石松植物

石松植物是蕨类植物中最古老的一个类群，它们的外貌看起来有点像藓类植物。石松植物是所有植物类群中化石纪录最长的，至少可以追溯到早泥盆世，其中一段时期它们在陆地植被中占据了主导地位。尤其是在晚石炭纪，它们是已知最高大的生物，在热带的大部分地区形成了茂密的森林。

◆石松植物

木贼类植物

木贼类植物的确凿化石证据可以追溯到泥盆纪，它们从未成为特别多样化的类群。最古老的木贼植物是泥盆纪地层中的叉叶属和古芦木属，为本亚门的最好代表。其特征与裸蕨类及木贼属均相似，被认为是裸蕨植物与典型的木贼植物之间的过渡类型。

真蕨植物

真蕨植物最早出现在中泥盆纪。古生代的真蕨类化石与其他蕨类有很大不同。它的孢子囊呈长形，囊壁很厚，纵向开裂或顶上有孔裂。真蕨类

◆木贼类植物

比石松类和木贼类更能适应陆地生活。它们的叶子分为上下两面，比较大，呈扁平状，而且叶脉分支也多，这样就扩大了光合作用的面积和效

多细胞生物的进化

率。真蕨类一般生活在陆地上，只有少部分生活在沼泽中，还有一些附生在其他植物的树杈上。真蕨类中，生活在石炭纪末期到二叠纪初期的树蕨有很大的树冠，密集成林。主要的代表还有我国云南省发现的泥盆纪小原始蕨以及发现于中泥盆纪的古蕨属等。

广角镜——六角辉木

在距今2亿多年前的早二叠纪晚期至晚二叠纪早期，云南及我国南方和西南的几个其他省份分布着一种叫做六角辉木的树蕨，有十几米高，树干直径超过20厘米，羽状复叶型的叶子很大，有两三米长。六角辉木的茎有非常发达的输导组织和机械组织，其树干的横切面上可以看到外部的皮层和极为复杂的组成中柱（根和茎的中轴部分）的维管束。维管束的直径约为10厘米，由7个同心环组成，最里面的一个呈圆形，其余的呈条带状。因此，这样的树干横切面看起来就形成了五光十色的六角形，这就是"六角辉木"名称的由来。

维管支持，登上陆地

藻类和苔藓等植物体中没有维管束构造，称为无维管植物。而从蕨类植物开始，其体内出现了维管束构造，称为维管植物。维管系统中有植物的水分和有机物的运输管道。在蕨类植物根和茎的皮层中存在的管胞就是负责将水分和矿物质从根部运送到叶片，并将光合作用生产出的养分从叶片送到根系。这样使运输效率提高了很多。另外叶片可以为输送水分提供充足的动力，这些大大小小的叶片正是一个个小型"水泵"。叶片中的一部分水分在日光照射下，会以水蒸气的形式通

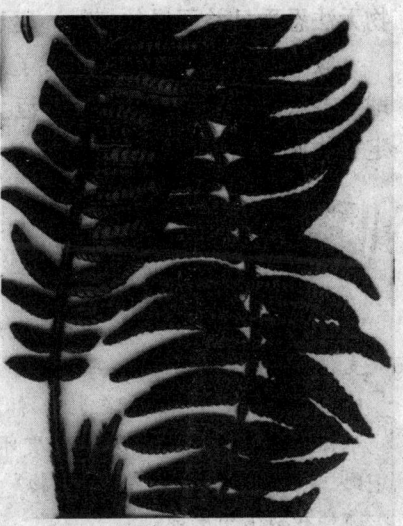
◆蕨类植物拥有最原始的维管系统

生命的起源与演化狂想曲

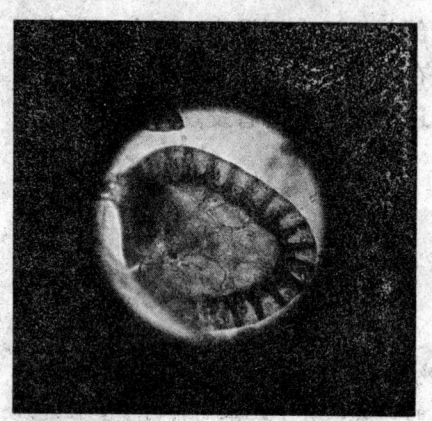

◆蕨类植物孢子囊

过气孔释放出去，蒸腾形成的升力将水分从根部抽了上来。同时，根茎叶的分化也是和维管系统的出现密切相关的。蕨类植物是第一种能够在陆地上广泛分布的植物。它们之所以能取得成功，其体内的维管系统功不可没。因此，维管植物的维管系统是它们适应陆地环境，借以保证水分需要和支持作用的重要组织，只有具有这种结构的植物，加上其他陆生的适应形态，才能在陆地上生长，并发展下去。

蕨类植物已经拥有了比较完善的适应陆地生活所需的装备，它们曾经盛极一时。但是它们仍然有不够完善的地方，那就是它们的繁殖方式，它们必须依靠水环境才能进行繁殖。蕨类植物的孢子一定要在潮湿的环境下才能萌发形成雌雄配子体，只有在水分充足的条件下雄配子体的精子才能游向雌配子体，并最终与雌配子体的卵子结合形成合子，再发育成完整的植株。正是由于这个缺陷，在距今6500万年前开始的气候变化中，蕨类植物无法忍受日益干燥的气候，逐步退缩到陆地上的潮湿区域。

蕨类植物的大发展，促成了地球历史上第一次原始森林的出现，使地球生态系统的整体面貌发生了巨大的变化，为脊椎动物从水中登上陆地奠定了物质基础。

知识窗

维管组织

维管组织是由木质部和韧皮部组成的输导水分和营养物质，并有一定支持功能的植物组织。在有次生生长的植物（大多数裸子植物和木本双子叶植物）中，维管组织包括来源于原形成层的初生木质部和初生韧皮部及来源于维管形成层的次生木质部和次生韧皮部。在只有初生生长的植物（大多数蕨类植物和单子叶植物）维管组织只包括来源于原形成层的初生木质部和初生韧皮部。

多细胞生物的进化

典型的蕨类植物

现代蕨类植物叶子的形状与羊的牙齿很相像，所以科学家们就把它们形象地称为"羊齿植物"。现代生活在地球上的蕨类植物仍有1万余种，绝大多数都是草本植物。但是在古生代的石炭纪和二叠纪，蕨类植物当中属于石松类的鳞木和属于节蕨类的芦木却都是高大的乔木型木本植物。

鳞木树干可高达三四十米，树身的直径可达两米，狭长的叶子长达1米，它们的树干两叉分枝，与裸蕨类似，叶子上有明显的中肋，叶子呈螺旋状排列在树干上，长在其基部的叶座上，叶座突出于树干表面，一般呈菱形，由于排列成螺旋状，当叶子脱落以后它们看起来很像鳞片状的印痕，鳞木就因此得名。

芦木一般生长在沼泽地里，高达三四十米，树干直径可达1米，叶子轮生在分枝的节上。芦木的叶子与鳞木的叶子起源不同，它们是由小枝变化而来的。

◆鳞木

拓展思考

1. 最初的蕨类植物是什么？
2. 蕨类植物在生物的演化中起到了什么作用？
3. 你可以举出一些属于蕨类的植物吗？
4. 维管结构在蕨类植物中有什么作用？

SHENGMING DE QIYUAN YU
YANHUA KUANGXIANG QU
生命的起源与演化狂想曲

赤裸的生命之子
——裸子植物的兴起

◆裸子植物

没有亮丽的花朵，没有浓郁的蜜汁，没有鸟儿代为授粉，它们却在严酷的环境中坚强地崛起，它们的花粉随风飞舞，把下一代的命运交给苍天，它们就是裸子植物。裸子植物，顾名思义，这种植物的种子是裸露的，它的胚珠外面没有子房壁包被，不能形成果皮。

这些美丽而坚强的植物为我们带来了最初的花和种子，是人类赖以生存的环境基础，而如今它们所组成的针叶林常作为优先采伐的对象，使该资源正在受到强烈的威胁和破坏。让我们对裸子植物多一份了解、多一份关爱，与它们和谐共处。

裸子植物的出现

早在石炭纪和二叠纪之交，地球上的自然环境开始发生一系列的变化，华夏植物群和欧美植物群分布的地区先后出现了季节性的干旱，并逐渐增加着强度和幅度，严重地威胁着生长在湿润环境中的各种植物。与此同时，大规模的地壳运动，使陆地上升，面积和相对高度迅速增加，大片的沼泽干涸或消失。又随着海水的退却，滨海湿润而均匀的海洋性气候，也被严酷而多变的大陆性气候所代替，这些自然因素的变化，对于植物界的影响更起了推波助澜的作用。盛极一时的蕨类植物大量衰亡，新型的裸子植物逐渐兴旺起来。

你来自何方，又走向何处

多细胞生物的进化

> **小书屋**
>
> 中生代(2.25亿年前到7千万年前)是裸子植物最繁盛的时期,被称做裸子植物时代。但在1亿年前的白垩纪以后,很多种类灭绝了,特别是第三纪和第四纪的冰川影响,裸子植物的种类更为减少。

最古老的裸子植物

最古老的裸子植物,又称原裸子植物,因为它们尽管在某些方面比蕨类植物进化,但没有具备裸子植物全部的基本特征。在这一类群最古老、最原始的裸子植物中,有以下三个特点:

1. 它们还没有花,但已形成种子,在植物系统发育过程中,种子的出现比花和果实更早;

2. 在种子中始终没有发现发育完善的胚,这是一种原始的性状;

3. 在胚珠的贮粉室中,只有看到花粉粒,而未发现花粉管,这也是原始的性状之一。

◆原裸子植物化石

裸子植物的进化

在进化过程中,裸子植物发生了一系列的变化。例如:在系统发育过程中,裸子植物体的生长由微弱到强;茎干由不分枝到多分枝;孢子叶由散生到聚生成各式孢子叶球;大孢子叶逐渐特化;雄配子体由吸器发展为花粉管;雄配子由游动的、多纤毛精子,发展到无纤毛的精核;颈卵器由退化、简化发展到没有。尤其是生殖器官的演化,使裸子植物有可能更完

生命的起源与演化狂想曲

善地适应陆生生活条件，而达到较高的系统发育水平。

小知识

裸子植物生殖器官的常用形态术语

孢子叶球（球花）：由孢子叶聚生形成的球状的生殖器官，由小孢子叶聚生形成的为小孢子叶球（雄球花），由大孢子叶聚生形成的为大孢子叶球（雌球花）。小孢子叶相当于被子植物的雄蕊，大孢子叶相当于被子植物的雌蕊。

为了下一代——花和种子

◆裸子植物

由于无种子维管植物在有性生殖过程中，精子需在有水的条件下才能游动到卵细胞完成受精，进而形成孢子体。若无水则不能受精，但裸子植物却很巧妙地解决了这个问题。

为了在干旱的环境中生存，裸子植物为精子制造了简易的运输包装——花粉粒。这个装置可以带着精子在干燥的空气中飞翔。只要落在合适的地点——雌配子体顶端，花粉就会萌发将精子释放出来，让它与雌配子体中的卵子相结合形成合子，进一步发育成种子。

裸子植物的雄配子体和雌配子体已经极端简化，它们的生长位置也固定在了一些特定的叶片上，即产生雄配子体的小孢子叶和产生雌配子体的大孢子叶。今天我们还可以从苏铁身上看到原始的大小孢子叶的影子，虽然它们还保留着叶片的形态，但已经失去了光合作用的能力。在随后的进化中，大小孢子叶日益特化，分别聚合形成大孢子叶球（雌球花）和小孢子叶球（雄球花）。

NI LAIZI HEFANG YOU
ZOUXIANG HECHU

多细胞生物的进化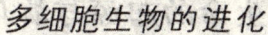

讲解——松是如何进行生殖的？

  松在生殖过程中，大、小孢子分别在孢子体雌、雄球花的发育过程中产生，并在其内发育为雌、雄配子体，雄球花的花粉囊即为小孢子囊，单核花粉粒为小孢子，由它能形成含有精子的极度退化的雄配子体细胞的花粉粒，花粉外有蜡质外被，可防止水分散失。雌球花胚珠内的珠心即为大孢子囊，内有胚囊细胞即为大孢子，由它能发育成含卵细胞的退化的雌配子体。雌、雄球花开放时，花粉被风吹到胚珠珠孔处，经过一段时间后，可形成花粉管，将精子送入胚珠与卵细胞结合，并形成种子中的胚幼孢子体，雌配子体转化为胚乳营养物，珠被形成种皮起保护作用。

  从此，植物繁殖有了相对稳定的场所，并且完全摆脱了水环境的限制。在裸子植物繁殖中，花粉都是靠风力送到大孢子叶球上的。虽然这种运输方式简便易行且不用支付运输费用，但运输效能却极为低下，绝大多数花粉都不能被送到指定位置。为了保证授粉，裸子植物一般都会制造出大量的花粉。显然，裸子植物花粉管的产生摆脱了受精时对水的依赖，种子的形成使后代的适应与传播能力大大提高。

现代裸子植物

  裸子植物在其漫长的历史过程中，地理环境、气候经过多次的重大变化，它的种系也随之多次演替更新，老的种系相继绝灭，新的种系陆续演化出来，并沿着不同的进化路线不断地更新、发展、繁衍至今。

  据统计，目前全世界的裸子植物约有850种，隶属于79属和15科，其种数虽仅为被子植物种数的0.36%。然而它们分布于世界各地，尤其是在北半球的寒温带和亚热带的中山至高山带常有大面积的各类针叶林。

你知道吗？

  濒危和受威胁的裸子植物约63种，约占种数的28%，其中百山祖冷杉和台湾穗花杉被列入世界最濒危植物。

  为保护裸子植物，我国已建立了少数以残遗或濒危裸子植物为保护对象的保护区（如银杉、百山祖冷杉、攀枝花苏铁、元宝山冷杉、水杉等）。

你来自何方，又走向何处

SHENGMING DE QIYUAN YU
YANHUA KUANGXIANG QU

生命的起源与演化狂想曲

广角镜——裸子植物中的活化石

◆银杏

银杏最早出现于3.45亿年前的石炭纪。曾广泛分布于北半球的欧、亚、美洲，中生代侏罗纪银杏曾广泛分布于北半球，白垩纪晚期开始衰退。至50万年前，发生了第四纪冰川银杏叶运动，地球突然变冷，绝大多数银杏类植物濒于绝种，在欧洲、北美和亚洲绝大部分地区灭绝，只有中国自然条件优越，才奇迹般的保存下来。所以被科学家称为"活化石"、"植物界的熊猫"。野生状态的银杏残存于中国江苏徐州北部（邳州市）、山东南部临沂（郯城县）地区、浙江西部山区。浙江天目山、湖北省安陆市、大别山、神农架等地都有野生、半野生状态的银杏群落。由于个体稀少，雌雄异株，如不严格保护和促进天然更新，残存林将被取代。银杏分布大多属于人工栽培区域，主要大量栽培于中国、法国和美国南卡罗来纳州。毫无疑问，国外的银杏都是直接或间接从中国传入的。

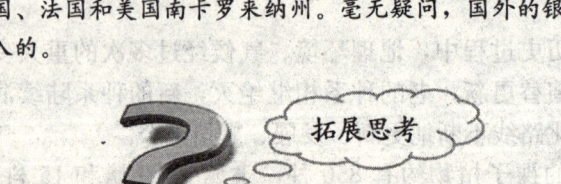

拓展思考

1. 裸子植物出现在哪个时期？
2. 裸子植物有花吗？说出你的理由。
3. 裸子植物是如何进行生殖的？
4. 举出几个裸子植物的例子，说说它们有什么共同特点？

多细胞生物的进化

NI LAIZI HEFANG YOU
ZOUXIANG HECHU

怒放的生命花朵
——被子植物的繁荣

◆各种各样的被子植物的花

阳春三月，窗外春光明媚。这时最能显示节气更替和春色之美的是花朵。桃红、李白、玉兰绽放，满眼的新绿，春的使者带来了姹紫嫣红的花朵。古代诗人也有很多像"桃花一簇开无主，可爱深红爱浅红"这样赞美花的诗句。

花朵无私地把全部美丽献给了世界，而你真的了解花朵吗？为什么植物可以开出灿烂的花朵？又是什么植物可以开出灿烂的花朵？这么美的花朵是如何演化来的呢？也许你的脑海中还会出现其他一串串的问题，那还等什么，让我们走进被子植物的世界，寻找答案吧。

被子植物制造出了所有适于在陆地上生长和繁殖的秘密武器——叶片、根、维管系统、种子和花。带着这些秘密武器，被子植物最终成为植物界的霸主，占据了除南极洲以外的每一块大陆。正是它们为丰富多彩的生物界提供了庇护场所，让地球充满了勃勃生机。

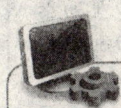

知识窗

典型的被子植物的花由花萼、花冠、雄蕊群、雌蕊群4部分组成，各个部分称为花部。外层部分为花萼，由萼片组成，通常呈绿色，有保护花的作用；内层为花冠，由花瓣组成，色泽鲜艳，有引诱鸟、虫传粉的作用；雄蕊群，由生有花粉的雄蕊组成；子房或雌蕊群由内含胚珠的心皮组成，能接受花粉。

你来自何方，又走向何处

SHENGMING DE QIYUAN YU
YANHUA KUANGXIANG QU
生命的起源与演化狂想曲

独有特征

被子植物是种子植物的一种。它也是植物演化阶段最后出现的种类。它主要有以下几个特征：具有真正的花；具有雌蕊；具有双受精现象；孢子体高度发达；配子体进一步退化；颈卵器消失，其余为卵器。

被子植物的上述特征，使它具备了在生存竞争中，优越于其他各类植物的内部条件。被子植物的产生，使地球上第一次出现色彩鲜艳、类型繁多、花果丰茂的景象。随着被子植物花的形态的发展，果实和种子中高能量产物的贮存，使得直接或间接地依赖植物为生的动物界（尤其是昆虫、鸟类和哺乳类），获得了相应的发展，迅速地繁茂起来。

起源的时代

对于被子植物的起源问题，科学界还没有达成共识，主要有两种不同的观点：

古生代起源说

这是一个较老而占统治地位的观点。坎普、汤姆斯和埃姆斯等学者主张被子植物起源于古生代。

> **你知道吗？**
>
> 近期，中科院南京地质古生物所王鑫博士和中科院植物研究所王士俊博士，在最新出版的《地质学报》英文版上报道了在辽宁省葫芦岛市新发现的一种侏罗纪被子植物化石，这一发现再次把被子植物的历史向前推了3000多万年。

白垩纪起源说

当前多数人认为被子植物起源于白垩纪或晚侏罗纪。例如：在美国加利福尼亚州早白垩世欧特里夫期（距今约1.2亿年）地层中，发现被

多细胞生物的进化

认为是最早的较为可靠的被子植物果实化石——加州桐核；我国早白垩世地层中的被子植物化石，近年来发现于吉林蛟河和延吉大拉子组的木患与延吉叶；欧洲早白垩世的山龙眼叶、楤木、木兰和月桂等属发现于葡萄牙，共同发现的还有可能是已知最早出现的单子叶植物化石——细弱早熟禾。

综上所述，被子植物最古老的原始类型到底是什么样子，依然是个未解之"谜"。但是，被子植物起源的时间似乎可以肯定，是在白垩纪以前的某个时期。

链　接

最近拉姆肖等人通过对被子植物细胞色素C中氨基酸顺序的研究，发现凡是系统上亲缘关系近的，氨基酸排列顺序相似。并提出被子植物起源于4亿到5亿年前。由于这些结论和大量的形态学和古植物学的证据相矛盾，因此，很少有人支持这样的解说。但这方法为我们进一步研究被子植物的发生和发展，提供了新的研究途径。

广角镜——世界上最早的被子植物

中国科学院南京地质古生物研究所孙革教授等首次在我国辽宁西部发现了距今1.47亿年世界最早的被子植物化石——辽宁古果。国际学术界认定辽宁古果是"迄今发现的唯一有确切证据的世界上最早的花"。辽宁古果的发现将使人们对被子植物最早期性状、起源、可能的祖先类型以及系统演化等方面重新认识，被评为1998年的中国十大科技新闻和中国基础研究十大新闻之一。

可能的祖先

对于被子植物可能的祖先，存在着各种不同的假说，主要有多元起源说、二元起源说和单元起源说。

生命的起源与演化狂想曲

多元论

◆苏铁

认为被子植物来自许多不相亲近的类群,彼此是平行发展的。维兰德、胡先骕、米塞等人是多元论的代表。维兰德于1929年提出了被子植物多元起源的观点,他认为被子植物发生于遥远的中生代二叠纪、三叠纪之间,一方面可上溯到亚苏铁,另一方面与其他的一切裸子植物如科达树、银杏类、松杉类、苏铁类皆有渊源。

二元论

二元论认为被子植物来自两个不同的祖先类群,两者不存在直接的关系,而是平行发展的。兰姆和恩格勒均为二元论的著名代表。埃伦多弗通过对木兰亚纲和金缕梅亚纲(包括葇荑花序类植物)的染色体研究,认为两者显著相似,支持了两者之间有密切的亲缘关系,也冲击了对这些古老的被子植物提出多元发生的观点。

单元论

现代多数植物学家主张被子植物单元起源,主要依据是被子植物具有许多独特和高度特化的特征,被子植物只能来源于一个共同的祖

◆产于我国云南的望天树是世界上最高的被子植物,它树体高大,干形圆满通直,不分枝,树冠象一把巨大的伞,是我国的一级保护植物,一般高达60多米,胸径100厘米左右,最粗的可达300厘米

多细胞生物的进化

先。若被子植物单元起源,那么,它究竟发生于哪一类植物呢?推测很多。其中包括:藻类、蕨类、松杉目、买麻藤目、本内苏铁目、种子蕨和舌羊齿等。目前比较流行的是本内苏铁和种子蕨这两种假说。

起源的地点

关于被子植物的发源地也存在着两种对立的观点:高纬度——北极或南极起源说,低纬度——热带或亚热带起源说。

高纬度起源说

希尔对北极化石植物区系分析后,认为被子植物是在北半球高纬度地区即所谓北极大陆上首先出现。他的观点,曾得到不少古植物学家和植物地理学家的支持。可是通过对北极被子植物化石植物区系的研究,并没有发现被子植物的踪迹,因此,现在看来,这种主张证据是不足的。

低纬度热带起源说

目前,大多数学者支持被子植物起源于热带。近数十年来的资料表明,大量被子植物化石在中、低纬度出现的时间实际上早于高纬度。如在加拿大的地层中直到早白垩世晚期,才有极少数被子植物出现,其数量仅占植物总数的2%~3%;在美国早白垩世晚期发现的被子植物,已占植物化石总数的20%左右;在亚洲北部和欧洲,被子植物出现的时代都比较晚。以上事实表明,被子植物是在中、低纬度首先出现,然后逐渐向高纬度地区扩展。

总之,被子植物起源的地区仍然是处于推测的阶段,因为化石植物的

◆被称为"辽宁古果"的"大豆枝条",是迄今为止人们发现的地球上最早的花——这朵花距今已有1.45亿年

SHENGMING DE QIYUAN YU
YANHUA KUANGXIANG QU
生命的起源与演化狂想曲

缺乏以及我们对过去发生的地质、气候变化还不十分清楚。虽多数学者赞同低纬度起源，但确切回答被子植物的起源地点是有困难的，有待今后更深入的研究。

拓展思考

1. 被子植物有什么特点？
2. 你能举出一些被子植物的例子吗？
3. 被子植物是由什么演化而来的？
4. 被子植物的起源地在哪里？

你来自何方，又走向何处

NI LAIZI HEFANG YOU
ZOUXIANG HECHU

多细胞生物的进化

蠕动的海洋霸主
——无脊椎动物时代

如今，提到无脊椎动物，我们便会联想到海洋。因为大部分无脊椎动物生活在海洋中，如放射虫、珊瑚虫、乌贼及棘皮动物等。可是，在淡水中也有它们的足迹，比如说水螅、蚌类及淡水虾蟹等。甚至在陆地上我们也可以发现它们，如蜗牛、鼠妇、蜘蛛、多足类、昆虫等。

然而，什么是无脊椎动物？最早的无脊椎动物是什么时候出现的？到了无脊椎动物时代，我们的世界是什么样的情景？在漫长的进化过程中，它们都经历了哪些变化？又进化出哪些生物？

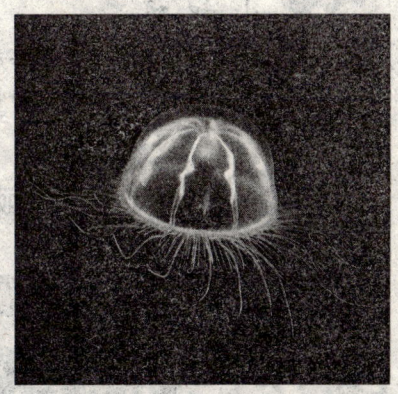
◆无脊椎动物

无脊椎动物的出现

在原始海洋这个宝贵的环境中，单细胞的原生动物，发展为多细胞动物，也称后生动物。在后生动物中，海绵动物是最原始的类型。它是进化中的旁枝。双胚层的腔肠动物是进化的主干。从双胚层动物向三胚层动物发展中，出现了两种方式。一种是节肢动物式的；另一种是棘皮动物式的。

◆海绵动物

你来自何方，又走向何处

SHENGMING DE QIYUAN YU YANHUA KUANGXIANG QU
生命的起源与演化狂想曲

在节肢动物式发育的一枝上，先有扁形动物和线形动物，然后分两个方向发展：一向有贝壳的方向发展，进化出软体动物等；二向有体节和外骨骼的方向发展，进化出环节动物和节肢动物。

从前寒武纪到古生代的初期，生物发展史上称为"海洋无脊椎动物的时代"。在这期间，无脊椎动物非常繁盛。

小知识

法国的生物学家拉马克根据动物体内有或无脊梁骨，在1794年首先把动物界分成无脊椎动物和脊椎动物两大类。至今仍被广泛应用。

棘皮动物

◆各类棘皮动物

海生棘皮动物是无脊椎动物中的一个特殊的门类。对五角星形的海星和扁卵形或饼状的海胆，我们可能并不陌生。它们的身上都长有骨针状的刺，有的海胆像一只小刺猬。有的石灰质骨片包在表皮下，并常往外突出成棘，故称棘皮动物。一般来说，它们与人类生活上的联系较少。不过，在无脊椎动物的发展史上，它们却是一类很有意义的动物。

棘皮动物有很长的进化历史。早在古生代初期，大量结构复杂的棘皮动物就出现了。到了寒武纪早期，海旋板类、海座星类和始海百合类开始出现。随后海蒲团类和鳞海林檎类也出现了。寒武纪晚期到奥陶纪早期的时候出现了海箭类、海百合类、海星类和海蛇函类；到了奥陶纪中期至晚期，棘皮动物的其他类别如海蕾类等全部出现了。在那以后，没有发现新的棘皮动物纲。反而到了古生代结束的时候，只有少数的纲进入了中生代并繁衍到现代。

多细胞生物的进化

节肢动物

无脊椎动物中种类最多和适应范围最广的是节肢动物。其祖先大概是某种蠕虫类动物，而它们在体形上有了重大的进步，如它们的体节分化更为显著，而且分工精细，不同的体节群具有不同的功能。因为身体分化更加复杂，所以对环境的适应能力更强。

◆节肢动物

节肢动物产生了与躯体有关节相连的附肢，每一附肢本身也分节，节肢动物的名称即由此而来。节肢动物还产生了几丁质的外骨骼。这种外壳既能防御敌害和带病微生物的入侵，又不影响本身的活动能力。和软体动物的贝壳相比，节肢动物显然发展了它的优点，又克服了贝壳的缺点。节肢动物有相当发达的肌肉和神经系统，有完善的运动器官。

节肢动物的化石在寒武纪早期的地层里就已经出现。其中最重要的代表就是三叶虫，三叶虫的背壳纵向分成一个中轴和两个肋叶，是一类较高等的节肢动物，它们的外骨骼中含有碳酸钙沉淀物，容易保存为化石。这类动物在二叠纪以后就灭绝了。

三叶虫

三叶虫的得名是根据这种动物的形态特征，即身体从纵横两方面来看都可以分成三部分：纵向上分为头部、胸部和尾部，横向上分为中轴及其两边的侧叶部分，因而给出了一个恰如其分的名称——"三叶虫"。

SHENGMING DE QIYUAN YU
YANHUA KUANGXIANG QU

生命的起源与演化狂想曲

小博士

在动物分类学上，三叶虫属于脊椎动物门、三叶虫纲。它们生活在远古的海洋中，主要出现在寒武纪，到寒武纪晚期时发展到顶点。此后，三叶虫从极盛的高峰走向衰退，延续到二叠纪末期时灭绝，没有进入中生代。

◆三叶虫化石

三叶虫化石分布在世界各地，因而对划分地层非常重要。同时，许多三叶虫的属种又具有地方性特色，因而它们又对划分当时的海域分区，进而恢复当时的生物地理区系具有重要意义。

三叶虫的生活习性是多种多样的。化石中最多的是保存在石灰岩或页岩中。可以看出当时它们大多生活在浅海底或游移于淤泥之上。志留纪中期的齿虫类，整个身体几乎被密密的长刺包围，这些长刺对于它们在水里游泳来说是一种强有力的推进器，因此可以推测它们是游泳的能手；同时，这些长刺也是抵御天敌的有效武器。这种类型的三叶虫主要是出现于奥陶纪到泥盆纪时期，当时与它共生的鹦鹉螺类、板足鲎类和鱼类都是三叶虫的劲敌，如果三叶虫不增强它的游泳能力和御敌的武器，它们怎样在那个竞争激烈的环境中继续生存繁衍呢？

历史趣闻

早在300多年前的明朝崇祯年间，一个名叫张华东的人在山东泰安大汶口发现了一种包埋在石头里的"怪物"，其外形容貌颇似蝙蝠展翅，于是他就将其命名为"蝙蝠石"。到了20世纪20年代，我国的古生物学家对"蝙蝠石"进行了科学研究，终于弄清楚了原来这是一种三叶虫的尾部。这种三叶虫生活在5亿年前的寒武纪晚期，是海洋中的一种节肢动物。为了纪念这个世界上给三叶虫起的第一个名字，我国科学家就把这种三叶虫由拉丁名翻译成的中文名字依然叫做"蝙蝠石"或是"蝙蝠虫"。

NI LAIZI HEFANG YOU
ZOUXIANG HECHU

多细胞生物的进化

贝类

软体动物中体制最高等的是头足类，它们的身体左右对称，头部显著，头的四周环生着腕足，所以称为头足类。原始的头足类是有外壳的，一般都是在一个平面上旋转的螺体。角石、菊石、箭石等都是繁盛一时的头足类动物，是古生代和中生代的重要化石。

◆各式各样的贝类

贝壳的产生对软体动物来说，一方面提供了保护，但另一方面又限制了它们的活动和发展。所以后期有些头足类动物抛弃了外面的贝壳，向着游动和进攻取食的方向发展，也取得了成功，如现代海洋里的乌贼和章鱼。

具有贝壳的动物还有腕足类、苔藓动物、帚虫类等。腕足类是海生贝类，也有两片贝壳，

◆章鱼

外形很像蚌类，但内部结构差别较大，活化石海豆芽就属于腕足动物。苔藓虫是生活在水中的一类微小动物，常成为群体，有些覆盖在水中的树枝或卵石表面，很像苔藓，所以称为苔藓虫。单个苔藓虫的软体居住在薄的几丁质或钙质的壳里。帚虫类因头顶有丝状触手，形状似扫帚而得名。

鹦鹉螺

鹦鹉螺在5亿多年前就出现了，早期出现的种类体型小，数量不多，构造比较简单。44000万年前，这个华丽的家族极其繁盛，现在的化石品

SHENGMING DE QIYUAN YU
YANHUA KUANGXIANG QU
生命的起源与演化狂想曲

◆苔藓虫

◆鹦鹉螺化石

◆鹦鹉螺

种已达 2500 多种，身体也大得惊人，在奥陶纪地层中发现的长达 10 多米。到了 35000 万年前开始衰落，现在仅存有 4 种，是著名的活化石。

鹦鹉螺是软体动物，体外包着又厚又大的外壳。从背面向腹面卷成螺旋型，左右对称。壳的外面有均匀的条纹。活的鹦鹉螺全身闪耀着白色、灰色、橘红色的光泽。游泳时，头和腕完全伸出壳外，壳口向下，像一只翩翩飞舞的鹦鹉。

在软体动物中，它们是进化得相对完善的一个类群。它们以其他小动物为食。它们有明显的头部，眼睛很大，视力很好。头的前端中央有口，口内有坚硬的颚，能够咀嚼很硬的东西。口的周围有几十条细小的腕，用来探索环境、捕捉食物，也用来在海底爬行。主要的运动方式和乌贼差不多。

鹦鹉螺的壳自从演变成现在的模样就没有多大变化，所以它是现存软体动物中最古老、最低等的种类，也是研究生物进化、古生物与古气候的重要材料。唯一变化的是生活的环境，从原来的浅海移居到 200～400 米的深海中。

多细胞生物的进化

NI LAIZI HEFANG YOU
ZOUXIANG HECHU

 **广角镜——"海底天文学家"**

　　鹦鹉螺气室上有许多环纹称为生长线。同一个时代的鹦鹉螺化石,其生长线数目是一样的。但是,这些生长线数目随年代的不同而变化,研究鹦鹉螺的化石,从远古到现在,生长线数目越来越多。据研究,生长线的数目与当时月亮绕地球一周所需要的天数是一致的,远古时期,月亮距离地球近,绕地球一周的天数少,所以生长线的数目少,现在的鹦鹉螺的生长线有30条,正好与现在月亮绕地球一圈所用的时间一致。鹦鹉螺壳记录了月亮与地球的旋转关系,所以鹦鹉螺有"海底天文学家"的美誉。

1. 无脊椎动物出现在什么时代?它们是如何出现的?
2. 无脊椎动物有什么特点?你能说出哪些生物属于无脊椎动物吗?
3. 你知道三叶虫的名字是怎么来的吗?
4. 现在海洋中还有鹦鹉螺吗?现在的鹦鹉螺和古代的有什么不同?

SHENGMING DE QIYUAN YU
YANHUA KUANGXIANG QU
生命的起源与演化狂想曲

顶起生命的脊梁
——原始鱼类

◆原始鱼类

在海水退潮、涨潮的过程中，蕨类成功地登上了陆地。这个时期，水族里正在发生着非常重要的事件，一条支持高级生命的支柱正在逐渐形成，那就是脊椎。在我国东南沿海一带海域，至今还生活着一种身体半透明的小动物，因为它首先在我国文昌县发现，所以叫文昌鱼。达尔文曾把这称为"最伟大的发现"，因为它提供了揭示脊椎动物的"钥匙"。

鱼类，作为地球上最古老的脊椎动物的一个类群，其漫长的演化历史一直是众多的生物学家感兴趣的问题。鱼类的出现，标志着从低等、原始的无脊椎动物向脊椎动物进化的一个质的飞跃。

脊椎动物的祖先

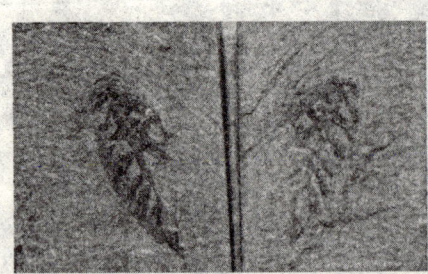
◆海口虫化石

海口虫是我国古生物学家陈均远研究员发现的。这些大小只有3厘米的原始鱼形脊椎动物化石标本保存了眼、性腺、心脏、血管、脊索、肠道、生殖腺、神经索以及神经索前端膨大的分成三个部分的脑。它表明，脊椎动物的演化是以头化为起点，即在脊椎骨出现约1亿年前的寒武纪早

多细胞生物的进化

期,脊椎动物的祖先就已经开始头化,其后才逐步完成内骨化和脊椎骨的演化。海口虫被认为是生物演化过程中一个非常重要的环节,也是无脊椎动物演化成脊椎动物的过渡代表。

在引言中我们提到的文昌鱼也是脊椎动物祖先的模型,文昌鱼的摄食、排泄等机能都像无脊椎动物的形式,但血管系统、呼吸系统、神经系统和胚胎生长过程都有了脊椎动物的

◆文昌鱼

模样;而且在生物化学上均可见到它具有脊椎动物所有的磷酸肌酸物质,但却不具备脊椎动物所有的血红蛋白和铁的化合物,文昌鱼含有一种特殊的钒的元素。所以,无论从形态、生理、生化和发生方面看都说明它是无脊椎动物进化到脊椎动物的过渡类型动物和见证。因为文昌鱼没有脊椎骨,因此不容易留下化石的遗迹,但以上所述足以说明文昌鱼是活的见证物了。

海口虫和文昌鱼都还没有拥有真正的脊椎,它们属于脊索动物。

历史趣闻

在我国厦门的刘五店鳄鱼岛附近曾流传着一个传说:古代,文昌帝君骑着鳄鱼过海时,从鳄鱼口里掉下许多蛆,当这批小蛆落海之后,竟变成了许多像鱼样的动物,为纪念文昌帝君的缘故取名为"文昌鱼"。

如何区分脊椎动物和脊索动物?

现在的脊椎动物都具备脊椎和头颅。但是在脊椎动物刚刚出现的阶段,也许这样的显著特征并没有完成。那么最原始脊椎动物的关键特征是什么呢?研究发现,脊椎动物在胚胎发育早期,存在着无脊椎动物所没有的神经嵴组织。这一组织直接或间接地参与了大量脊椎动物所特有的组织和器官的发生过程。因此,神经嵴很可能就是区分脊椎动物与无脊椎的脊索动物的关键特征,它的出现是使脊

SHENGMING DE QIYUAN YU YANHUA KUANGXIANG QU
生命的起源与演化狂想曲

椎动物成为进化史上最为成功的一支的主要原因。

你知道吗？

现有脊椎动物的数量远不及无脊椎动物数量多，所有无脊柱动物占现存动物的90％以上。

无颌鱼

◆甲胄鱼

到了泥盆纪，早期的脊椎动物达到了繁盛时期。各种各样的无颌鱼形脊椎动物的化石，在世界各地都有发现。它们没有上下颌骨，作为取食器官的口不能有效地张合，只能靠吮吸甚至仅靠水的自然流动将食物送进嘴里食用。因此，它们被称作无颌类，在动物分类上被归于鱼形总目的无颌纲。此外，它们没有真正的偶鳍，中轴骨骼还只是软骨质而不是真正的骨质。代表性的无颌类身体前部的体表具有骨板或鳞甲，彼此相连就像古代武士的铠甲一样，因此又将它们称为甲胄鱼类。

甲胄鱼化石是奥陶纪和志留纪地层中的最早的脊椎动物化石。然而甲胄鱼却不是真正的鱼类。在志留纪晚期和泥盆纪早期，甲胄鱼非常繁盛。由于甲胄鱼没有上、下颌，而且身体累赘、活动较迟钝，所以到了晚泥盆纪就灭绝了。

知识广播

过去人们一直认为海洋是脊椎动物的发源地，而事实上根据地层材料的综合分析，甲胄鱼等最早的脊椎动物早期是栖息于淡水的，到了泥盆纪中期以后，才由河、湖移居海洋。

多细胞生物的进化

NI LAIZI HEFANG YOU
ZOUXIANG HECHU

❓ 鱼类究竟是由哪种动物演化而来的？

目前来说，由于化石材料不足，还没有找到鱼类的直接祖先。而根据目前已有的资料显示，现代的各种鱼类是由与甲胄鱼关系很近的盾皮鱼发展而来的。

一般认为盾皮鱼类是有颌类的远祖，其中出现得最早的是棘鱼类，由它进化为硬骨鱼类；而盾皮鱼的另一支则进化为软骨鱼。软骨鱼和硬骨鱼都出现于泥盆纪，后来取代了盾皮鱼类。

盾皮鱼

盾皮鱼类有保护身体的骨甲，一般包裹在身体的前部。盾皮鱼类的骨甲分成几块，而且彼此之间能够活动，这样就使盾皮鱼类在行动上灵活多了。这些都使得它们在生存竞争中处于优势。

到了泥盆纪时它们发展成为繁多的类群。最繁盛的是节颈鱼类和胴甲鱼类。

◆盾皮鱼

节颈鱼类头部和躯干部被坚固的骨质甲片所包裹，两个部分的骨片自成系统，只用一对关节相连。上下颌骨的构造很特殊，吃东西时与一般的脊椎动物相反，下颌不动，上颌向上抬起，然后向下切割。这类鱼中有的在泥盆纪中期发展出巨大的类型，例如恐鱼，身长可达10米！头骨巨大，颌骨强壮，前端长有大而锐

◆恐鱼

SHENGMING DE QIYUAN YU
YANHUA KUANGXIANG QU
生命的起源与演化狂想曲

利的骨板状牙齿。这样的骨板形成了完善的剪刀式的锐利边刃，是很有效的捕食装置。恐鱼可以捕食当时的任何一种鱼类，堪称原始海洋中的霸主。

原始鱼类登陆

起初脊椎动物都生活在水里，是什么原因让原始鱼类第一次爬上陆地呢？

加拿大的科学家认为，最初鱼类登上陆地是为了晒太阳取暖、获得能量，以便在水中捕食猎物时行动更敏捷。

大约在3.65亿年前的泥盆纪，一批生活在热带沼泽里的原始鱼类爬上陆地，开始了全新的生活。这是进化史上的一个里程碑，包括人类在内的所有陆生脊椎动物，都是由这些鱼类演化而来的。对于鱼上岸的原因，此前已有多种解释，如为躲避掠食者或寻找搁浅的鱼为食。

但加拿大麦吉尔大学的科学家研究了早期类似鱼的四足动物的化石，根据当时的气候条件，他们算出四足动物从阳光中获得的能量，结果发现，2至3小时的日光浴可使一只四足动物的体温上升到35℃。

科学家由此认为，原始动物只需躺在阳光下就能获得能量，加速新陈代谢，回到水中后可更敏捷地行动。

拓展思考

1. 海口鱼是脊椎动物吗？它在生物演化的过程中起到了什么作用？
2. 你依靠什么来区分脊椎动物和脊索动物？
3. 盾皮鱼有什么特点？
4. 充分发挥你的想象，说说你认为鱼类第一次登上陆地的原因是什么？

多细胞生物的进化

幸运的逃亡者
——两栖动物的登陆

泥盆纪晚期的环境促使水生的脊椎动物开始分化。一部分不能适应环境而死亡，一部分仍然在水中生活，如高等的鱼类；还有一部分则逐渐改善自己的身体以适应陆地生活的需要，逐渐进化成为两栖类。

它们是脊椎动物从水生开始向陆生过渡的一个类群。它们既有鱼类的某些原始的特征，又初步具有适应陆地生活的躯体结构。但是它们还不能完全脱离水。它们已经登上了陆地，还需要水环境做什么呢？

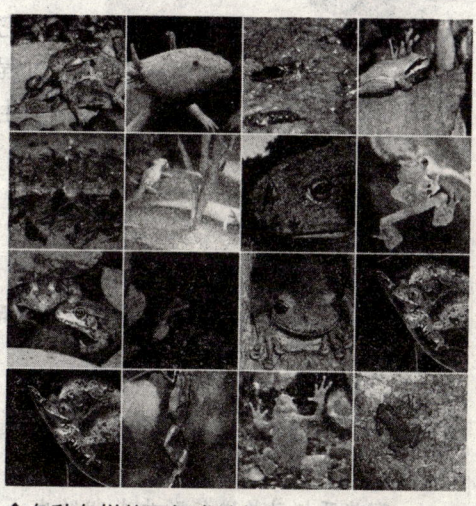

◆各种各样的两栖类动物

两栖类的起源

关于两栖动物的起源，一般认为是水生动物登陆。

为什么要登陆呢？这是因为当时生活环境的改变。到了古生代泥盆纪，地球气候变得温暖而又潮湿，植物空前繁茂。大量植物残体落入水中，使某些水域氧气缺乏。这使得水生动物不得不登陆。

当水生动物登陆后，水陆两地的环境不同。主要包括：两地的湿度不同；水的密度比空气的密度大得多；水温比空气的温度要稳定得多；空气中氧的含量要比水中充足；陆地环境的复杂多样性。这一切使得它们登陆

SHENGMING DE QIYUAN YU YANHUA KUANGXIANG QU
生命的起源与演化狂想曲

◆水生动物登陆

后，不得不去改变自己。其中有一部分就慢慢地演化为两栖类。

虽然，两栖动物相对于水生动物来说，在其身体结构上已经进化了很多。但是，两栖类动物仍然不能摆脱水对它们的影响。因为，对于多数两栖类动物来说，需要把它们的卵产在水中。幼体时，它们跟鱼类一样生活在水中。在发育过程中，出现变态。成体才可以在陆地上生活。

小博士

两栖动物（amphibian）的字源来自希腊文的（两种 amphi）和（生命 bios）。这是因为两栖类可以同时生活在陆上和水中。

你知道吗？

有些两栖动物进行胎生或卵胎生，不需要产卵，有些从卵中孵化出来几乎就已经完成了变态，还有些终生保持幼体的形态。

广角镜——坚头类动物

原始两栖动物中的坚头类出现在泥盆纪晚期。但到了三叠纪，这类动物就灭绝了。由于它们的头较低平，而且身上还有坚硬骨甲，因此被称为坚头类。由于牙齿的横切面具有迷路结构，故又称为"迷齿类"。由于某些在结构上与原始爬行类非常相似。因此认为它们是爬行类的祖先。

◆坚头类动物

多细胞生物的进化

两栖类的祖先

作为第一批登陆的脊椎动物，两栖动物有着漫长的发展历史，但是关于两栖动物起源和演化的历史，现在仍然不很清楚。

有人曾经对腔棘鱼的基因组进行研究。结果不仅表明腔棘鱼可能是软骨鱼与硬骨鱼之间的一个过渡类型，而且也将硬骨鱼与陆生脊椎动物联系起来。而其基因组构象和胚胎发育的共同特点

◆腔棘鱼

提供了由总鳍鱼类演化为陆生脊椎动物的线索。也有人认为，两栖动物的祖先是肉鳍鱼类，但是到底是起源于哪类肉鳍鱼还不清楚。曾经认为泥盆纪的总鳍鱼中的扇骨鱼类，是两栖动物的祖先。然而，最近的研究对这种说法提出了质疑，因此两栖动物的祖先到底是肉鳍鱼类中的扇骨鱼类、腔棘鱼类还是肺鱼类尚待研究发现。

近年来，一部分学者对线粒体DNA基因、核糖体RNA基因、血红蛋白序列等进行测序分析，认为肺鱼与四足类之间的亲缘关系密切，为肺鱼—四足类支系的成立提供了大量的分子生物学数据。

链 接

20世纪80年代，中国古生物学家张弥曼采用连续磨片技术，深入研究采自中国云南的早泥盆纪骨鳞鱼化石——杨氏鱼，发现过去认为总鳍鱼具有的四足动物重要特征不能被证实，如真正的内鼻孔不存在，鼻泪管、卵圆窗以及耳柱骨等也不能证实其存在。这一发现使人们重新考虑总鳍鱼类是否是四足动物的近亲或者直接祖先的地位。

SHENGMING DE QIYUAN YU
YANHUA KUANGXIANG QU
生命的起源与演化狂想曲

 两栖类有什么特征？

两栖类是卵生、拥有四肢的脊椎动物。两栖动物的皮肤裸露，表面没有鳞片、毛发等覆盖，但是可以分泌黏液以保持身体的湿润；其幼体在水中生活，用鳃进行呼吸，长大后用肺兼皮肤呼吸。两栖动物可以爬上陆地，但是不能一生离水，因为可以在两处生存，称为两栖。它是脊椎动物从水栖到陆栖的过渡类型。另外两栖动物属于变温动物。

现代两栖类

现代的两栖动物，已经超过4000种，分布也很广泛。但只有3个类：无尾类、有尾类和无足类。其中只有无尾目种类繁多，分布比较广泛。

◆有尾类两栖动物——娃娃鱼

◆无足类两栖动物——蚓螈

从食性上来说，除了一些无尾目的动物以植物为食外，其他动物均是食肉的。

现代两栖动物虽然分布广泛，但它们既不能适应海洋生活，也不能生活在极端干旱中。而且，在寒冷和酷热的时候还需要冬眠或者夏蛰。

多细胞生物的进化

NI LAIZI HEFANG YOU ZOUXIANG HECHU

拓展思考

1. 两栖动物起源于什么生物？
2. 你知道两栖动物有什么特征吗？
3. 哪些生物属于两栖类？请举出几个例子。

你来自何方，又走向何处

硬壳卵带来的庞大家族
——爬行动物的统治

◆称霸一时的爬行动物

在脊椎动物的进化史上，两栖动物虽然已经登上了陆地，开拓了脊椎动物陆地生活的新天地。但是它们还没有摆脱对水的依赖，还是必须回到水域中产卵、孵化，度过幼年时期。因此它们还不是真正的陆生脊椎动物。

到石炭纪末期，真正的陆地脊椎动物开始登上了历史的舞台。那个时代，爬行动物不仅是陆地上的绝对统治者，还统治着海洋和天空，地球上没有其他任何一类生物有过如此辉煌的历史。现在虽然已经不再是爬行动物的时代，大多数爬行动物的类群已经灭绝，只有少数幸存下来，但是就种类来说，爬行动物仍然是非常繁盛的一群。

爬行类的起源

◆石炭纪末期地球环境

爬行类是从距今约3亿年前的迷齿类两栖动物演化来的。到石炭纪末期，地球上的气候发生剧变，一些地区出现了干旱和沙漠，使原来温暖而潮湿的气候变为干燥的大陆性气候。使很多古代两栖类灭绝或再次入水。而适应于陆生结构的古代爬行类则能生存并在斗争中不断发展，并将两

多细胞生物的进化

NI LAIZI HEFANG YOU ZOUXIANG HECHU

栖类排挤到次要地位。其到中生代几乎遍布全球的各种生态环境，因而常称中生代为爬行动物时代。

爬行类出现的意义

> 脊椎动物包括五大类，分别是鱼类、两栖类、爬行类、鸟类和哺乳类。

两栖动物的登陆，开拓了脊椎动物陆地生活的新地盘。这在脊椎动物进化史上，起了一个"继往开来"的作用。但是，两栖动物的登陆，只是初步开辟了脊椎动物的陆地生活。向陆地的深处发展，真正占领陆地，还是从爬行动物开始的。因为两栖动物的生活在很大程度上不能摆脱水的束缚。如我们现在的两栖动物——青蛙，它们的卵需产在水里，并在水里孵化；幼年时期基本上还是一条"鱼"，在水中游泳觅食，并和鱼类一样用鳃呼吸水中的氧气。即便到了成年，离开了水，爬上了陆地，用肺呼吸空气中的氧气，但仍在水域附近的潮湿地带，还是摆脱不了对水的依赖。

◆在水中产卵的蛙

羊膜卵出现了以后，就彻底摆脱了水对它们的束缚，使它们有可能向陆地的纵深发展。爬行动物是五类脊椎动物中最先具有羊膜卵的动物。羊膜卵的出现，完成了从两栖动物到爬行动物的进化过程，是脊椎动物进化史上又一次重大的飞跃。从它开始，脊椎动物才牢固地占领了干旱的陆地环境，揭开了此后脊椎动物在陆地上大发展的新篇章。

SHENGMING DE QIYUAN YU
YANHUA KUANGXIANG QU
生命的起源与演化狂想曲

 讲解——羊膜卵的特点

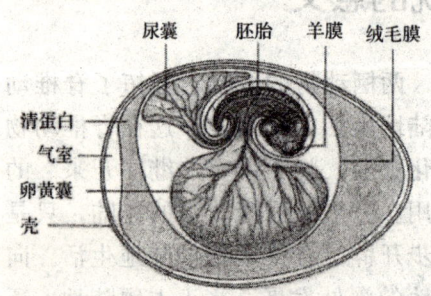

◆羊膜卵的构造

◆各种爬行动物

羊膜卵和两栖动物或鱼类的非羊膜卵有着本质上的区别，它可产在陆地上，并在陆地上孵化。羊膜卵的主要特点是在胚胎发育过程中产生羊膜，羊膜腔中充满着羊水。羊水保证了胚胎发育过程中胚胎本身的水域环境，避免胎儿干死。另外，羊膜类动物都是体内受精，无需如非羊膜类动物那样必须借助天然水为介质把精子运送到卵子上去。并且一般产在干燥地区的羊膜类动物的卵，都具有卵白和比较坚韧的外壳，这就保证了胚胎发育时的用水和减少卵中水分的蒸发。羊膜类动物的成体，体表通常披有鳞甲、盾片、羽毛或毛发，提供了它们在干旱地区生活时保护体内水分散发的有利措施。

爬行动物是第一批真正摆脱对水的依赖，并且真正征服陆地的脊椎动物。它们可以适应各种不同的陆地环境。它们也是统治陆地时间最长的动物。它们所主宰的中生代也是整个地球生物史上最引人注目的时代。

 爬行动物现在有多少种？

这个问题很难说清楚。各家的统计数字可能相差千种，新的种类还在不断被鉴定出来。大体来说，爬行动物现在应该有接近8000种。摆脱了对水的依赖，

多细胞生物的进化

爬行动物的分布受温度影响较大而受湿度影响较少。现存的爬行动物除南极洲外均有分布，大多数分布于热带、亚热带地区，在温带和寒带地区则很少，只有少数种类可到达北极圈附近或分布于高山上，而在热带地区，无论湿润地区还是较干燥地区，种类都很丰富。

爬行类中的霸者

大约在2.55亿年前，地球上出现了一类新的爬行动物。像所有的爬行动物一样，它们的后代由卵孵化而出，其皮肤上覆盖着鳞片，不透水，这就是恐龙。恐龙从出现直至灭亡，统治地球达1.6亿年之久。

恐龙是距今13000万年前地球上爬行动物的总称。它们的种类很多，身体大小、形状、生活习性也各不相同。海陆空都是恐龙类的活动场所。

◆喙嘴龙

恐龙中大的有我国四川省合川县发现的合川马门溪龙，全身长22米，体高3.5米，体重40～50吨。平时在水深5～10米的湖泊中生活，以水中的藻类为食物。小的鹦鹉龙只有一只小狗那么大。

恐龙有的能在空中飞翔，如长尾的喙嘴龙，有尖利的牙齿和长长的尾巴，尾巴末端有一块像苍蝇拍形状的膜，飞翔的工具是翼膜；有的是海中的霸王，如喜马拉雅鱼龙，

◆剑龙

食肉善游，上下颌特别长，形成长吻，口内有牙齿，外貌很像今天的海豚；有的是陆上的武士，如剑龙，身长6米，头小，背部高拱，有两排三

SHENGMING DE QIYUAN YU
YANHUA KUANGXIANG QU
»»»»»»»»»»»»»»» 生命的起源与演化狂想曲

角形的骨板竖立着，尾尖处有骨刺，是御敌的武器。

恐龙统治了三个地质时代，共1.65亿年。不过，在三叠纪和侏罗纪早期，恐龙仍然未成为非常强大的物种，未能完全主宰整个动物的进化过程。到了侏罗纪末期，非常庞大的蜥脚类成为了曾经在这个地球上存在过的最庞大的生物。侏罗纪末期是它们统治地球的顶峰"黄金时期"，无论是多样性、智力还是体型都远远凌驾于同时期的其他生物之上。

爬行类的衰退

你来自何方，又走向何处

◆恐龙化石

◆中生代末期的动物

对于爬行类动物衰退的原因，一般认为：中生代的气候十分稳定，季节与纬度的温差都不大。但到了中生代末期，地球发生了强烈的地壳运动即长山运动（我国的喜马拉雅山和欧洲的阿尔卑斯山就是这个时期形成的）。由地壳剧变导致气候、环境的巨大变化，使植物类型也发生了改变，被子植物出现并取代了裸子植物的优势。这些都给食量大而又狭食性的古爬行类带来严重的灾难，加以恒温动物特别是哺乳动物的兴起，使古爬行类在生存斗争中居于劣势，导致相对突然地大量死亡和灭绝。从而结束了盛极一时的爬行类的黄金时代。

近年来被广泛接受的是巨大的行星撞击地球的假说。一些学者推测恐龙与一些古爬行类在白垩纪的灭绝是由于大的流星撞击地球引起的。这样一个撞击可能造成陨星的汽化和大量的灰尘遮天蔽日，挡住阳光，降低了光合作用甚至达到光合作用的临界点之下。同时没有或只有极

多细胞生物的进化

NI LAIZI HEFANG YOU
ZOUXIANG HECHU

少的太阳辐射能到达地球表面,温度随之下降。使绿色植物得不到阳光和所需的能量而导致死亡,从而破坏了所有的食物链而造成了爬行类时代的结束。对这种"行星撞击地球"的假说,也有少数生物学家认为它与其他任何假说一样,在回答大的灭绝问题时也存在疑问。总之,目前还没有一种真正能令所有人信服的假说或实证,还需进一步探索。

拓展思考

1. 爬行动物出现的那个时代地球环境是什么样子的?
2. 爬行类的出现在生物的演化史上有什么重要意义?
3. 羊膜卵有什么特点?
4. 关于爬行动物的衰退有哪些说法?你支持哪一种?说说你的理由。

你来自何方,又走向何处

SHENGMING DE QIYUAN YU
YANHUA KUANGXIANG QU

生命的起源与演化狂想曲

直入云霄，遨游天际
——鸟类的演化

你来自何方，又走向何处

◆鸟类

◆托马斯·赫胥黎（1825～1895年）是英国著名的生物学家，也是达尔文进化论的坚定支持者，同时他也是首先提出鸟类起源于恐龙学说的一位学者

说到鸟，自然使人想到它那美丽的羽毛、在空中翱翔的美姿。但鸟类并不是唯一能飞行的生物。如今可以在空中飞行的还有很多的昆虫，以及哺乳动物，况且还有一些鸟类甚至飞不起来。

无齿角质喙是现代鸟类的一个基本特征，但也不能说，具有齿而非角质喙的动物就肯定不是鸟类。根据研究表明，早期的鸟类就是这种情况。那么，鸟类是从何时产生的？早期的它们又是什么样子的呢？

鸟类的起源研究

关于鸟类的起源问题，一直是生物学上难解的谜。

鸟类起源的研究，经过了这样一些主要阶段。1868年，赫胥黎提出了鸟类起源于恐龙的假说。到了1927年，丹麦古生物学家海尔曼在他的著作《鸟类的起源》中提出：鸟和恐龙虽然相似，但恐龙已经特化，所以鸟类不会从恐龙起源。而鸟类的起源可能是和恐龙有共同祖先的一类，这就是槽齿类。槽齿类是

多细胞生物的进化

比恐龙更加原始的一种化石类群。这个类群被认为是产生了恐龙、鸟类、鳄鱼等现代一些主要的脊椎动物的大类群。它出现的时代可能会更早一点，是比侏罗纪、白垩纪还要早的三叠纪。这种学说从提出来以后，一直盛行了大概有半个世纪。

从1973年到1985年，恐龙起源说再次复兴。学者在研究脊椎动物化石的时候，发现有一块被鉴定成翼龙的化石具有羽毛，进而找到了另外一件始祖鸟化石。

1986年一直到现在，恐龙起源学说不断盛行，越来越多的化石证据支持了这样的一种假说。

鸟类的恐龙起源说

最初由赫胥黎提出了恐龙可能是鸟类的祖先的学说。比较了欧洲中侏罗统地层后，他发现巨齿龙和鸵鸟的后肢十分接近。他还敏锐地觉察到上侏罗统的组地层发现的长足美颌龙很可能属于恐龙，并和鸟类有关系。

◆巨齿龙

但是，在20世纪初，鸟类恐龙起源说受到了南非古生物学家布罗姆提出的鸟类"槽齿类"起源说的冲击。布罗姆认为南非下三叠统的小型初龙类派克鳄是鸟类和恐龙的共同祖先；海尔曼的著作《鸟类的起源》中承认了鸟类和兽脚类的相似性。经过讨论，他认为这只是一种趋同进化，鸟类的祖先要在三叠纪的"槽齿类"里去找。

◆鸵鸟

生命的起源与演化狂想曲

此后，鸟类恐龙起源说逐渐销声匿迹。直到耶鲁大学的奥斯特罗姆在1969年命名了平衡恐爪龙，奥斯特罗姆在比较了平衡恐爪龙和始祖鸟等化石后提出虚骨龙类是鸟类的祖先。虽然在奥斯特罗姆之后大部分古生物学家都逐渐同意了这种说法，但是这一学说在大众中并不普及，直到在我国辽宁发现了大量的带羽毛的恐龙化石以后才逐渐为人所知。

轶闻趣事——偶然的发现

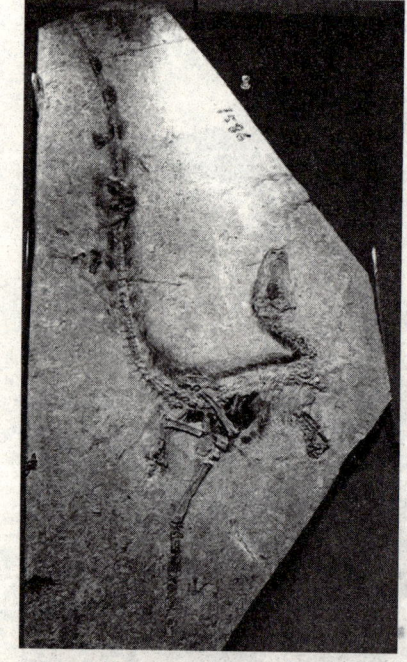

◆中华龙鸟化石

故事要从一个农民说起，1995年辽宁省北票市上园镇四合屯村一个叫李荫芳的人在热河群的义县组地层劈到了和他平时见到的孔子鸟不一样的化石，为了把这个化石卖个好价钱，李荫芳在1996年的时候南下把化石卖给了我国地质博物馆，这块化石引起了时任我国地质博物馆馆长的季强的兴趣。

事实上季强的专业是古生代一类无脊椎动物牙形石，对脊椎动物少有接触，他看到化石上有一圈黑色的毛状物，当时季强称为"原始羽毛"，并认为这块化石属于原始的鸟类，而且时代要比始祖鸟还早，所以把这个动物命名为原始中华龙鸟，归入蜥鸟亚纲，并建立中华龙鸟形目中华龙鸟科，季强和自己的学生姬书安一起把这一发现发表在了1996年9月《中国地质》上。

恐龙演化成鸟类祖先始祖鸟，有两种假说：地栖说和树栖说。树栖说认为飞翔是由栖息在树上的生物借助重力，经过一个滑翔阶段形成的；而地栖说则认为，居住在地面上的生物在用力奔跑的过程中学会了飞翔。

多细胞生物的进化

NI LAIZI HEFANG YOU
ZOUXIANG HECHU

最近，在我国辽西发现的四翼恐龙（顾氏小盗龙）化石震惊了世界古生物学界，为了解鸟类的祖先如何学会飞翔提供了新的证据和视角。从骨骼上分析，顾氏小盗龙在起源关系上与鸟类最接近；从恐龙前后肢上羽毛的形态和排列方式来看，它们与鸟类的翅膀完全相同。顾氏小盗龙生活在1.1亿到1.2亿年前，体长77厘米，前后肢上各长有一对翅膀。顾氏小盗龙可能以昆虫和小型蜥蜴为食，大多数时间栖息在树上，在树上爬行，或是在树与树之间进行滑翔。

◆四翼恐龙

羽毛的起源

有一种鸟化石似乎显示了介于爬行类的鳞片和真正的鸟类羽毛之间的特征，这为研究羽毛的进化提供了依据。这个鸟化石是原羽鸟的一个新种，原羽鸟是反鸟类中目前所知道的最原始的，它们源于白垩纪早期，与现代鸟类平行进化，但最终灭绝了。

我国科学院古脊椎动物与古人类研究所张福成和周忠和认为羽毛的进化通过了4个阶段：首先是鳞片变长；然后发展成中心轴；再其后从轴两侧长出"绒线"，称为羽支；最终发展成由更小的"绒线"构成的更复杂的网状结构，称之为羽小支。新的原羽鸟化石的特征

◆鸟类的羽毛

你来自何方，又走向何处

SHENGMING DE QIYUAN YU
YANHUA KUANGXIANG QU
生命的起源与演化狂想曲

处于这个过程中间阶段的某个位置；它们具有片状的、不是类似毛发的羽支，但没有羽小支。

也有人推测羽毛的开始发展不一定与飞行有关，它在原始的兽脚类恐龙中可能已经普遍存在。从始祖鸟保留下来的一系列与爬行动物相似的特征可以看出，它适应飞行的各方面构造还很不完善，所以推测它大概还只能在低空滑翔。

始祖鸟

◆始祖鸟复原图

"始祖鸟"是最早的鸟，是处在两大类别动物的过渡阶段的一个非常好的演化实例。所研究的"始祖鸟"化石标本实际上是一种小型食肉兽脚恐龙的骨架，上面有现代飞行羽毛衍生物。对伦敦的"始祖鸟"标本所作的一项新的研究工作，采用非破坏性计算机断层扫描技术、X－射线扫描技术和计算机三维重建技术来观测"始祖鸟"的脑腔内部、模拟其大脑形状和重建其内耳。研究发现，"始祖鸟"原来不像恐龙，它有一个真正的"鸟脑"，完全具备飞行所需的视力、平衡和协调条件。

在索伦霍芬共有7具始祖鸟化石出土。始祖鸟大小如乌鸦。它保留了爬行类的许多特征：例如嘴里有牙齿，而不是形成现代鸟类那样的角质喙；有一条由21节尾椎组成的长尾巴；前肢三块掌骨彼此分离，没有愈合成腕掌骨，指端有爪；骨骼内部还没有气窝；等等。但是另一方面，它已经具有羽毛，而且已经有了初级飞羽、次级飞羽、尾羽以及复羽的分化，这些都是鸟类的特征。

多细胞生物的进化

NI LAIZI HEFANG YOU
ZOUXIANG HECHU

知识窗

始祖鸟的发现

1861年，德国巴伐利亚省索伦霍芬上侏罗统石灰岩（即侏罗纪晚期形成的石灰岩地层）里发现了一具年代最为古老的鸟类化石，不仅骨骼得以保存，而且还有羽毛的痕迹，它被命名为始祖鸟。

始祖鸟是怎么从陆地行走变成在天空滑翔呢？

对此科学界有两种意见：

一种认为：它原来是一种善于奔跑的动物。从奔跑开始，在奔跑中用前肢来拍打空气以加快速度，这时候前肢上由鳞片变成的原始羽毛，在适应这种习性的过程中逐渐得到完善，最终发展出带羽毛的翅膀，由翅膀扑动而开始离开地面到空中滑翔。这种理论称为鸟类飞行起源"奔跑说"。

另一种认为：始祖鸟原来是树栖的，在树上利用带羽毛的翅膀滑翔是一种有利的活动方式。这使前肢上由鳞片变成的原始羽毛的变异类型获得了更多的生存和繁殖的机会，最后终于发展成带羽毛的翅膀而获得飞行能力。这种理论称为鸟类飞行起源的"树栖说"。

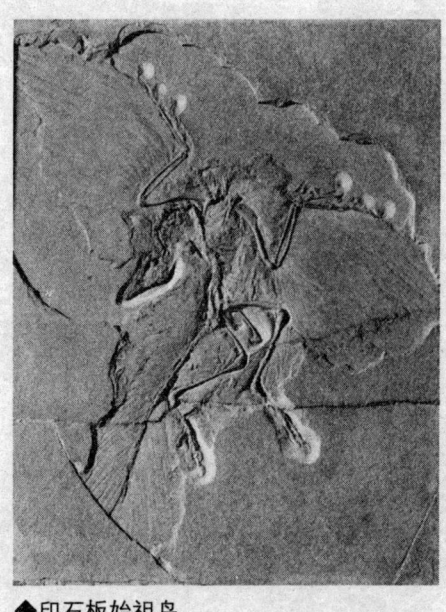

◆印石板始祖鸟

后来，根据第5块始祖鸟的标本来看，它不但翅膀上有爪，后趾末端也有尖利而弯曲的爪。这种爪对奔走不利，而对攀缘树枝有利。这似乎支持了树栖说。

鸟类的起源是一个很复杂的问题，当更多证据被发现后，或许还有其他的解读。

你来自何方，又走向何处

"科学就在你身边"系列

SHENGMING DE QIYUAN YU
YANHUA KUANGXIANG QU
生命的起源与演化狂想曲

拓展思考

1. 鸟类的起源假说有哪几种？
2. 鸟类的恐龙起源说有哪些证据？
3. 始祖鸟有什么特点？它与现在的鸟类有什么不同？
4. 鸟类为什么要进化出羽毛？

你来自何方，又走向何处

多细胞生物的进化

NI LAIZI HEFANG YOU
ZOUXIANG HECHU

酝酿出生命的乳汁
——哺乳动物的天下

当今的地球上，最强大的物种无疑是我们人类。从生物学上讲，我们人类属于哺乳动物。也就是说，当今的世界是哺乳动物的世界。除了人类，当今地球上还存在着各式各样的哺乳动物，有会飞的哺乳动物——蝙蝠，还有生活在水中的哺乳动物——鲸。

那么，它们是怎么演化来的呢？早期的哺乳动物又是什么时候开始在地球上出现的？而作为哺乳动物中最高级的人类又是怎么出现的呢？

◆哺乳动物——考拉

哺乳动物的特征

与其他脊椎动物相比，哺乳动物是最高级的。它们有显著的特征：智力和感觉能力有进一步发展；保持恒温；繁殖效率的提高；获得食物及处理食物能力的增强；体表有毛，胎生。哺乳动物的身体一般分头、颈、躯干、四肢和尾五个部分；用肺呼吸；体温恒定，是恒温动物；脑较大而发达。

◆正在哺乳的狗

你来自何方，又走向何处

SHENGMING DE QIYUAN YU
YANHUA KUANGXIANG QU

生命的起源与演化狂想曲

哺乳和胎生是哺乳动物最显著的特征。胚胎在母体里发育，母兽直接产出胎儿。母兽都有乳腺，能分泌乳汁哺育仔兽。

> 最大的哺乳动物、最大的陆生哺乳动物、最高的哺乳动物、跑得最快的哺乳动物分别是什么？

哺乳动物相对其他脊椎动物身体各部分结构都有所改变，包括脑容量增大和新脑皮的出现，视觉和嗅觉的高度发展，听觉比其他脊椎动物有更大的特化；牙齿和消化系统的特化有利于食物的利用；四肢的特化增强了活力，有助于获得食物和逃避敌害；呼吸、循环系统的完善和独特的毛被覆盖体表有助于维持其恒定的体温，从而保证它们在广阔的环境中生存；胎生、哺乳等特有的特征，保证了后代有更高的成活率及一些复杂行为的发展。

哺乳动物的出现

◆黄鼠狼

在爬行动物的演化早期，一些动物从两栖动物中分离出来，开始了各自不同的进化过程。这些早期脱离两栖队伍的爬行动物包括鳄鱼、恐龙和各种鸟类，其中最奇异的一支被称为"类似哺乳动物的爬行动物"。

这些动物最早出现在距今 3.85 亿年前，它们的生活年代比人们熟知的恐龙要早得多。这些动物的进化速度很快，稍晚时候已经有若干不同的种群出现，它们世代繁衍直到二叠纪末期。当时地球遭遇到了突然的灾难，致使几乎所有的物种都遭受灭顶之灾。此后进一步进化出新的物种迅速填补了地表的空闲栖息地。这些物种包括早期的恐龙和数百万年后出现的早期哺乳动物。

没人知道最早的哺乳动物究竟是怎样的。但是科学家在英国威尔士和布里斯托尔发现了一种长得像黄鼠狼的古生物化石，后来被称为摩根齿

多细胞生物的进化

这种穴居动物很可能就是早起期哺乳动物类种。

据说这些早期的哺乳动物都体型很小，以昆虫为食，多毛且都是温血动物。事实上，温血这一特征是兽孔爬行动物率先具有的特征，它们可能是哺乳动物的祖先。

现存最原始的哺乳动物

鸭嘴兽是现生哺乳类中最原始而奇特的动物，它历经亿万年，既未灭绝，也无多少进化，始终在"过渡阶段"徘徊。它仅存于澳大利亚，在进化史上有着重要意义，它本身的构造，提供了哺乳动物由爬行类进化而来的许多证据。

鸭嘴兽长约40厘米，全身裹着柔软褐色的浓密短毛，四肢很短，五趾具钩爪，趾间有薄膜似的蹼，酷似鸭足，嘴部扁平，形似鸭嘴，尾大而扁平。它是卵生的，这点与爬行动物和鸟类一样。

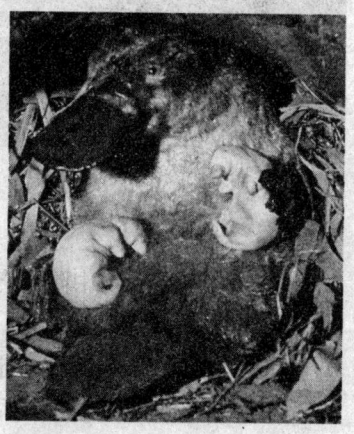

◆鸭嘴兽

这种珍贵的动物多年被滥捕而使种群严重衰落，曾一度面临绝灭的危险。由于其特殊性和稀少，已列为国际保护动物。

早期新生代哺乳动物

新生代是哺乳动物统治大地的时代。在进入新生代后不久，哺乳动物就迅速分化。

新生代初期诞生的哺乳动物中，最重要的是踝节目。踝节目中最早的代表，出现于古新世早期的熊犬科。熊犬是最早最原始的踝节类，为小型杂食动物。并认为很可能是其他有蹄类的祖先类型。最著名的踝节目动物是中兽科。中兽可能是鲸类的祖先或者和鲸类有共同祖先。我国的中兽化石非常丰富。其他的踝节目动物包括伪齿兽科、豕齿兽科、新月兽科、褶边兽科和双骈兽科，多是些植食性动物。

SHENGMING DE QIYUAN YU
YANHUA KUANGXIANG QU

生命的起源与演化狂想曲

◆熊犬

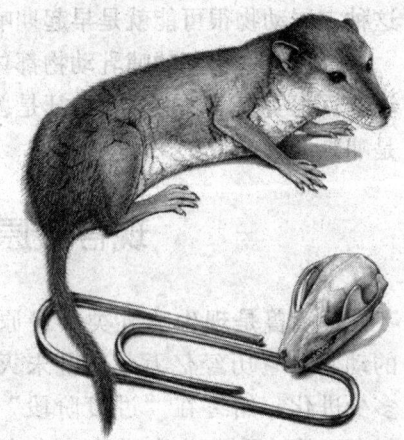

◆最古老的哺乳动物"巨颅兽"体重仅2克

你来自何方，又走向何处

　　早期的哺乳动物中除了各种原始的有蹄类之外，最重要的就是肉齿目了。肉齿目又译为古食肉目，曾经被当作是食肉目的祖先，而现在认为肉齿目虽然和食肉目可能有一定的亲缘关系，但并非肉食目的祖先。

　　从白垩纪晚期到新生代早期，还有其他一些小型的目，如兽目和近猴目等。兽目可能是啮齿目和兔型目的祖先或有较近的亲缘关系。近猴目与树鼩非常接近，和树鼩一样，曾经被归入灵长目，作为灵长目最原始的代表。现在则和树鼩分别列为与灵长目有一定关系的独立的目。

哺乳动物演化

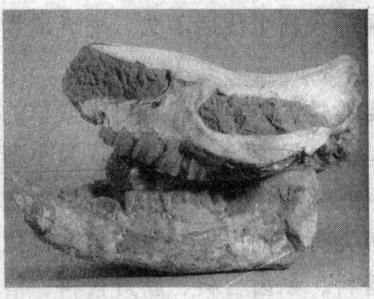

◆哺乳动物化石

　　哺乳动物的演化一般看成是一个线性过程。关键特征是从作为其祖先的爬行类动物的相关特征发展来的，而且是不断增添的。如中耳是从颌关节演化来的，臼齿是从爬行类简单的尖齿演化来的。

　　大量最近发现的化石彻底改变了这一观点。哺乳动物的演化所走过的远远

多细胞生物的进化

不是一条直线,而是一个复杂的、分叉的网络,其中有若干个死胡同:哺乳动物特征在几个单独的支系是重复演化的,有时这些特征还会丢失。

现代人类的由来

这里我们说的人类指的是整个人族的起源。从发现北京猿人以来,人们都知道,人类起源于古猿。与人类进化有关的南方古猿,生存在距今600万～100万年前。他们全身披毛,主要生活在树上,能下到地面,手和脚还没有分工,能直立行走,能使用石块、木棒等天然工具。南方古猿是从腊玛古猿、西瓦古猿进化而来的,江苏北部泗洪发现的双沟醉猿、江淮宽齿猿等与腊玛古猿的时代大致相当。现在,大多数学者认为南方古猿是最早的人科代表,或许可以说人是由它进化而来的。

◆人类的演化

猿人,顾名思义就是半猿半人,他们既有猿的某些特征,譬如全身披毛,上肢长,眉脊大,下颌前突;又能像人一样直立行走。一直以来,都把猿人作为猿与人的过渡。其实,在人类学上他们已经属于"人",而非"猿"。过去,制造工具是人科出现的标志,自从发现大猩猩会利用树枝捕捉白蚁后,科学家把直立行走作为人类出现的标志。所以,人科包括了南方古猿、能人、直立人、智人等。

 讲解——人种的来源

"北京猿人"、"南京猿人"是直立人,生活在80万～30万年前。在"北京人"之前,距今约五六百万年前,地球上出现了南方古猿,尽管灵活性不够,行动不够敏捷、自如,但也能像人一样直立行走,故把它归于人,是最早的人。其

SHENGMING DE QIYUAN YU YANHUA KUANGXIANG QU
生命的起源与演化狂想曲

后的能人、直立人、智人则更为进化，行动越来越灵活，面部下颌后缩，脑容量越来越大。到与现代人很接近的智人，其脑容量达1400毫升，脑组织复杂得多，眉脊几乎消失，并开始分化为黄种人、白种人和黑种人。

现代人，经过了漫长的进化历程，褪去了猿人身上的体毛，演变出灵巧的身躯；隐去了粗壮突起的眉脊，完全直立行走，步履敏捷；有发达的语言，能充分地交流；脑容量大，有充满智慧的大脑和很强的思维能力。现代人是比任何生命都聪明的动物，他们能制造极其复杂的现代机器。

拓展思考

1. 哺乳动物有哪些特征？
2. 哺乳动物的祖先是什么动物？
3. 哺乳动物是如何演化来的？
4. 你能说说黄种人、白种人和黑种人是怎么来的吗？

你来自何方，又走向何处

多细胞生物的进化

NI LAIZI HEFANG YOU
ZOUXIANG HECHU

揭示生物进化的岩石
——化石

自从生命起源以来，至少已经有38亿年的历史了。在这么漫长的岁月中，我们的地球上曾经有哪些奇异的生命出现过？现在自然界中的生物又是如何演化而来的呢？

有一件东西，它保留了岁月留下来的脚印。通过它，我们可以了解到，我们地球曾经的面貌，以及在历史中曾经发生过的精彩瞬间。这就是人们不断在大自然中发现的生物进化的证据——化石。

◆晶莹剔透的特殊化石——琥珀

进化的证据

什么是生物进化的直接证据呢？这个问题的答案只有一个，就是化石。

古生物死亡之后，由于被迅速掩埋在地下，皮肉等软体部分被腐蚀，而硬体部分经历一番作用后，被保存下来，变成了一块"石头"，这就是化石。它通常是古生物死亡后被含水沉淀物迅速掩埋，产生化学反应，然后矿物质加入或有机体被排出。如果没有发生这些，有机体仅会被暂时保存，

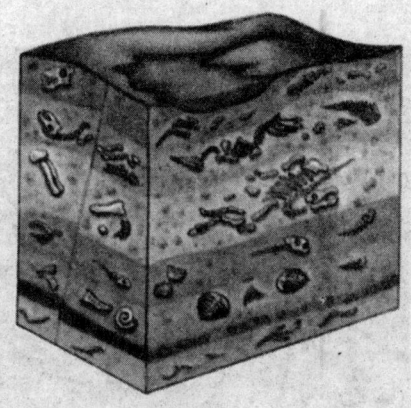
◆各个地层中的化石

你来自何方，又走向何处

生命的起源与演化狂想曲

但不会成为化石。

那么,它在地质层中的分布又有什么样的特点呢?一般来说,地层形成越早,它里面的生物化石结构越简单,越低等;地层形成得越晚,它里面的生物化石结构越复杂,越高等。

通过化石,人们认识到:现代的各种生物是经过漫长的时间逐渐进化来的;生物进化的总体趋势是由简单到复杂、由低等到高等、由水生到陆生。

知识窗

从铸币到骨头"化石",均来源于拉丁文 fossil,意思为"被挖掘出的",指任何埋藏的东西。不仅有石化动物、植物残体,还包括岩石、矿石和人工制品,如铸币。

植物化石

早在大约 4.25 亿年前,植物就已出现在陆地上,自那时起它们的残骸就不断落入泥沙中,后来保存为化石。虽然这些植物化石显示的是过去植被的直接景观,但是我们却能从中推断出植物和植物群的演化历程。

莱尼蕨

◆莱尼蕨化石

莱尼蕨是最早的原始陆生植物之一。它的直径一般在 1.3 毫米。它是在莱尼的碎石层中被发现的。莱尼蕨生存的时间应该在早泥盆世纪。

苏格兰的莱尼是最有名的早泥盆世植物化石产地之一。莱尼碎石作为最重要的植物化石,主要在于它代表

多细胞生物的进化

了最古老、最完整保存的陆地生态系统。通过对莱尼碎石进行同位素鉴定,结果表明它出现在3.96亿年前。

种子蕨

1910年,罗伯特·福尔肯·斯科特爵士开始了具历史意义,但充满悲壮的南极探险。斯科特和4个伙伴最后虽成为恶劣天气的牺牲品,但遗留了重要的科学发现。从他们的遗物中发现了已形成化石的种子蕨。

种子蕨植株大多数是攀援的,也有一部分是灌木状或树蕨状。绝大多数种子蕨植物有像真蕨植物一样的大型羽状复叶,主叶柄通常二歧分叉,但叶的表面角质层较厚。

◆种子蕨化石

种子蕨是一类已灭绝的古代裸子植物,最早出现在晚泥盆纪,到了石炭纪、二迭纪时达到极盛,但在中生代时逐渐衰退,灭绝于白垩纪时期。

迪拉丽花

迪拉丽花是一种1.25亿年前开放的花。这种花被命名为迪拉丽花,因为丽花是它的属名,意为美丽的花;迪拉是它的种名。

熟悉地理的人都知道,近百年以来,被子植物的起源和早期演化一直是古植物科学家研究的焦点。迪拉丽花也是迄今为止世界上发现的最早的被子植物的典型。

◆迪拉丽花化石

你来自何方,又走向何处

生命的起源与演化狂想曲

动物化石

在人们的印象中,"典型"的化石通常是动物的残骸,例如贝壳或者恐龙的骨架,确实,现在已知的动物化石已是数不胜数,有代表性的也是不胜枚举,这里无法一一介绍,仅选出几个重要的进行简述。

微网虫

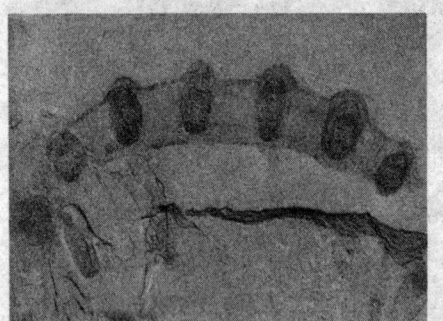

◆微网虫化石

微网虫生活在 5.36 亿年至 5.18 亿年前,在我国和加拿大都有它们的化石。它们属于叶足动物门。因为身上的鳞状骨片而得名。它们的体长可达 8 厘米,具有 9 对矿化骨片和 10 对足。这些骨片的作用是连接腿和关节。

这些骨片实际上是有感光作用的多眼,所以有了"九眼精灵"的美称。一般动物的眼睛大多集中在头部,和它相类似的生物在地球上还没有找到。

云南虫

◆云南虫化石

1991 年,我国侯先光研究员首先在帽天山发现了云南虫。它的身体呈蠕形,一般体长 3 到 4 厘米,大的可以到 6 厘米。它的头部在化石上不易保存,开始曾被认为是特殊的蠕虫。

它的脊索是脊椎的前身,相当柔软,像现在的脊髓中的软性物质,身体神经单元集中在脊索上,肢体的感

多细胞生物的进化

NI LAIZI HEFANG YOU ZOUXIANG HECHU

觉可以通过脊索传到全身。云南虫的发现，对脊椎动物起源的研究提供了很大的帮助。这是生命演化史上的重大突破。

抚仙湖虫

1984年7月1日，在云南澄江县帽天山发现了澄江动物化石群。在澄江动物化石群中，抚仙湖虫是一种特殊的化石。它属于节肢动物中比较原始的一种类型。

通过化石人们发现，成年的抚仙湖虫体长一般在10厘米左右。全身一共有31个体节，外骨骼分为头、胸、腹三个部分。它的背、腹分节数目不相等。它与泥盆纪时的直虾类化石比较相似，而直虾是现代昆虫的祖先。这也间接地表明了抚仙湖虫是昆虫的远祖。

◆抚仙湖虫

有鳍鱼

鱼类和四肢脊椎动物间的过渡，大约发生在3.70亿年前。

这是一块来自加拿大北极地区晚泥盆纪地层的化石材料，它展现了鱼类和四肢脊椎动物间的过渡形式。这是一种有鳍的鱼，但它的鳍可以像胳膊和手一样弯曲和伸展。它有四足动物一样的肋骨，有可以活动的脖子和腕关节。它似乎生活在一种处于边缘状态的浅水环境中。

◆有鳍的鱼化石

你来自何方·又走向何处

"科学就在你身边"系列 ・183・

SHENGMING DE QIYUAN YU
YANHUA KUANGXIANG QU

生命的起源与演化狂想曲

拓展思考

1. 什么是生物进化的直接证据？
2. 化石是如何形成的？
3. 你能举出几个重要的植物和动物化石吗？
4. 你能说说化石是如何反映生物进化的吗？

你来自何方，又走向何处

生物进化理论大擂台

  大千世界,无奇不有!在这个五彩缤纷、绚丽多姿的世界里,充满了形形色色的生物,有些甚至已经超出了我们的想象!然而,它们是的的确确、合情合理地存在着!至于它们存在的原因,生物进化理论可以清清楚楚地给我们讲解其中的奥秘!

  进化理论是什么时候出现的?在其发展的过程中,它又经历了哪些阶段?在这些阶段里,又有哪些奇人轶事?它有什么样的神通本事,可以让肉眼凡胎的我们,看清这个复杂多变的世界呢?

  让我们共同走进本章,来解开我们心中这些一连串的疑惑吧。

◆生物进化理论的奠基人——达尔文(左)和拉马克(右)

生物进化论的大融合

大千世界，无奇不有。在这五彩缤纷、绚丽多彩的世界里，光是动物就有上百万种，而且结构是那么的复杂，它们的习性是那么的高超，令人惊叹不已。千千万万年来的动物界，它们的新陈代谢、生殖发育等等，都是有规律地进行着。生物种群如此奇妙的有规律的变化又是从何而来的呢？中外历史上许多思想家、哲学家和生物学家们，为了解答这些问题，花了多少心血，又耗费了多少人的精力，又有谁能理解他们的苦衷呢？到了近代，终于有五个伟大的人物以他们的真知灼见揭开了神奇的奥秘。

让我们沿着历史的本来面貌，来探索近代生物学史上五位巨匠的足迹。

生物进化理论大擂台

NI LAIZI HEFANG YOU ZOUXIANG HECHU

生命在于运动
——拉马克进化学说

关于生物的进化，现在已经出现了许多不同的学说和观点。然而，提起进化论，在我们的脑海里还是会立刻闪出一个人的名字，达尔文，似乎进化论成了达尔文的代号！

然而，正如伟大的物理学家牛顿所说，"如果说我所看的比笛卡尔更远一点，那是因为站在巨人肩上的缘故"。达尔文之所以有这么高的成就，因为在他之前，还有位巨人。这位巨人就是拉马克。拉马克早于达尔文诞生之前（1809年）就在《动物学哲学》里提出了生物进化的学说，在进化学说史上发生过重大的影响。你想了解拉马克的进化论与达尔文有哪些不同吗？他是如何解释生物进化的？让我们一起走进拉马克的世界。

◆拉马克

学说之精华

早在19世纪初期，关于生物是不断进化的思想，法国生物学家拉马克在前人的基础上，大胆鲜明地提出了生物是从低级向高级发展进化的学说。他是第一个系统地提出了唯物主义的生物进化理论的人。作为进化论的先驱者，拉马克在《动物的哲学》里系统地阐述了生物进化的观点。他认为：自然

◆鹤

你来自何方，又走向何处

SHENGMING DE QIYUAN YU YANHUA KUANGXIANG QU
生命的起源与演化狂想曲

界任何生物并不是上帝创造的，而是进化来的，进化是一个极其漫长的过程；复杂生物是由简单生物进化来的，生物具有向上发展的本能趋向；为了适应环境继续生存，物种必须要发生变异。并提出了两个法则：一个是用进废退；一个是获得性遗传。

用进废退

关于用进废退，他认为：物种是可以变化的，种的稳定性只有相对意义。环境条件对生物机体的影响是生物进化的直接原因。在新环境的直接影响下，动物的习性会发生改变，某些经常使用的器官将会发达增大，而那些不经常使用的器官则会逐渐退化。

> 近视现象可以用用进废退解释吗？哪些现象可以很好地运用这个理论解释？

然而变化了的性状能否遗传呢？这取决于这种性状的改变是否由遗传物质决定和环境的改变是否稳定。对于前者将稳定地遗传，而后者将会稳定恒久地改变，因而也表现出形式上的遗传性。换句话说我们是很难确知一个性状是由遗传物质改变的还是由环境改变引起的，环境的恒久改变会使某些性状恒久地改变，这又容易使人想到遗传。因此，从外在观察的角度研究近视与遗传

◆拉马克阶梯向上无分支的进化理论模型

并不是没有一点根据的。但对于后天性近视而言，由现象观察到与染色体上的基因牵强地联系起来就有点让人费解。显然近视不能这样解释。"用进废退"的理论解释，对于个体器官的发展非常贴切，实在找不出比这更好的词语了。

生物进化理论大擂台

NI LAIZI HEFANG YOU
ZOUXIANG HECHU

获得性遗传

对于其另一原则：获得性遗传，拉马克认为，具有神经的高等动物，后天获得性性状可以传到下一代。即只要性状为双亲所共有，就能通过繁殖保存在它们的后代中。比较有名的例子除长颈鹿外，还有对鹭、鹤等涉禽长腿的解释，由于这些鸟类长期生活在水边，但不喜欢游水，为了不使身体陷进淤泥，就尽力伸长腿部；为了吃到水里的鱼虾，又不至于濡湿身体，就尽力伸长颈部。这样获得的性状，逐代遗传下去，年深日久，就成了长颈长腿的涉禽动物了。

◆白琵鹭

拉马克的长颈鹿

◆长颈鹿

对于用进废退的解释，有一个非常著名的例子。拉马克认为在很久很久以前，长颈鹿的祖先们生活在缺乏青草的环境里，为了吃饱肚子不得不经常努力地伸长脖子和前肢去吃树上高处的叶子，由于经常使用，脖子和前肢逐渐地变得长了一些，并且这些获得的性状能够遗传给后代，每代加长些，就越来越长。这样，经过世世代代，终于进化成为现在所看到的长颈鹿。

你来自何方，又走向何处

"科学就在你身边"系列

生命的起源与演化狂想曲

但是这种说法其实是一种误解,因果关系应该是长脖子的基因先存在,饥饿后来才出现的。长脖子的鹿因为能吃到树顶上的叶子,就活了下来,短脖子的鹿吃不到东西,就饿死了。拉马克"伸长脖子"的观点是后天运动,就像我们在健身房练就了一身肌肉,是无法由基因遗传到下一代的。

◆上图是拉马克对于长颈鹿进化解释的示意图,右边的长颈鹿努力地伸长脖子和前肢去吃树上高处的叶子,脖子和前肢逐渐变长,并且将这些性状遗传给了后代

进化论奠基人——拉马克

拉马克是法国伟大的博物学家,较早期的进化论者之一。主要著作有《法国全境植物志》、《无脊椎动物的系统》、《动物学哲学》等。

拉马克1744年8月1日生于法国毕伽底,本名约翰摩纳。幼年时就读于教会学校。1761~1768年在军队服役,在服役时,就已经对植物学发生兴趣。1768年拉马克与他的良师让·雅克·卢梭相识,卢梭已经是当时法国著名的思想家、哲学家、教育家、文学家,对拉马克的成才起了巨大的影响。拉马克花了整整26年的时间,系统地研究了植物学,于1778年写出了名著《法国全境植物志》。1783年被任命为科学院院士,为《系统百

生物进化理论大擂台

NI LAIZI HEFANG YOU
ZOUXIANG HECHU

科全书》撰写植物学部分，并担任皇家植物标本室主任。后又研究动物学，1793年应聘为巴黎博物馆无脊椎动物学教授，于1801年完成《无脊椎动物的系统》，在此书中他把无脊椎动物分为10个纲，是无脊椎动物学的创始人。

他1809年出版了《动物学哲学》，当时他虽已65岁，但仍潜心研究并写作，于1817年完成了《无脊椎动物自然史》。1820年他双目失明，病痛折磨着他，但他仍顽强地工作，以后的著作都是由他口述经他的幼女柯尼利娅记录整理出版的。

他的一生是在贫穷与冷漠中度过的，他把毕生精力贡献于生物科学的研究上，终于成为一位生物科学的巨匠，伟大的科学进化论的创始者。1909年，在纪念他的名著《动物学哲学》出版100周年之际，巴黎植物园为他建立了纪念碑，让人们永远缅怀这位伟大的进化论的倡导者和先驱。

◆拉马克的雕塑

拉马克一生中共有多少著作？看了他的事迹之后想想他有哪些值得我们学习的地方？

拓展思考

1. 拉马克的进化论包括哪两个重要法则？
2. 用进废退学说适用于哪些方面？
3. 拉马克是如何解释长颈鹿的进化的？
4. 你能说说拉马克对我们今天的进化论的贡献是什么吗？

你来自何方，又走向何处

SHENGMING DE QIYUAN YU YANHUA KUANGXIANG QU

生命的起源与演化狂想曲

奇妙的天然漏斗
——达尔文的自然选择理论

◆达尔文

自从达尔文的自然选择学说问世以来,便引起了人们的广泛关注。同时也给了它太多的荣誉。它被认为是生物进化过程中的一个关键点,是现代生物学中最重要的里程碑之一。同时被誉为"19世纪自然科学三大发现之一"。

历史在发展,科学在进步。达尔文的自然选择也在批判、争议中不断前进。虽然人们对达尔文的自然选择理论有过错误的评价,虽然达尔文的自然选择理论自身也存在着一些缺陷,但是达尔文的学说在科学史上具有的卓越科学地位是不可磨灭的。

达尔文的自然选择学说

达尔文自然选择的子说精髓是什么呢?

达尔文于1859年发表了惊世骇俗的宏篇巨著《物种起源》。在该书中达尔文给我们提供了大量的证据说明生物是进化的,自然选择学说也因此而诞生。

达尔文的自然选择理论论证了生物是不断进化的。对生物进化的原因提出了合理的解释。使生物学第一次摆脱了神学的束缚,走上了科学的正轨。它揭示了生命现象的统一性是由于所有的生物都有共同的祖先。生物的多样性和适应性是进化的结果。给神创论和物种不变论以致命的打击。

其进化学说的主要内容有4点:过度繁殖;生存斗争,也叫生存竞争;

你来自何方,又走向何处

NI LAIZI HEFANG YOU
ZOUXIANG HECHU

生物进化理论大擂台

遗传和变异；适者生存。

名人介绍——20世纪最伟大的科学家

　　查理·达尔文（1809～1882年）生于英国希罗普郡。幼年时，他没有表现出什么天分。到了青年时代，好玩爱动、迷恋大自然的天性才给他带来了好运气。1828年8月，达尔文搭乘美国海军的海洋考察船"贝格尔号"环航世界，探索贸易路线，开始了改变其一生命运的事业之旅。达尔文在"贝格尔号"上生活了将近5年，每航行到一个地方，他都坚持采集岩石、植物和动物的标本，还记下了许多珍贵的笔记。

　　1836年达尔文回到英国后，得出了一个重要的结论：某个物种只要条件比其他物种优越，哪怕是略见优越，也会有很好的机会生存下来并且繁殖后代。这便是著名的"自然选择"理论，"适者生存"是"自然选择"理论的精髓。

轶闻趣事

　　在达尔文时代，遗传学先驱孟德尔还没有能够让世人相信他的遗传学说，否则，达尔文定会痛不欲生。因为1838年，他选择了亲舅舅的女儿、表姐埃玛作为终身伴侣。据说，到了晚年，达尔文对孟德尔和他的遗传学略有所闻，他常常为他的近亲结婚感到不安。

过度繁殖

　　通过环航世界，达尔文发现，地球上的所有生物都具有很强的繁殖能力，而且有按几何比率增长的趋势。我们先来看下面的例子。

　　象是一种繁殖很慢的动物，但是如果每一头雌象一生（30～90岁）产仔6头，而且都能进行繁殖，那么750年后，一对象的后代就有1900万头。因

◆鼠的繁殖能力很强

SHENGMING DE QIYUAN YU YANHUA KUANGXIANG QU
生命的起源与演化狂想曲

◆象

此，按照这样的计算，即使繁殖不是很快的动、植物，也会在不太长的时期内产生大量的后代而占满整个地球。事实上，几万年来，象的数量也从没有增加到那样多，自然界里很多生物的繁殖能力都远远超过了象的繁殖能力。

生物的繁殖能力是如此强大。而事实上，每种生物的后代能够生存下来的却很少。这是什么原因呢？达尔文认为，这是繁殖过度引起的生存斗争的缘故。任何一种生物在生活过程中都必须为生存而斗争。

生存斗争

◆老虎之间种内斗争

生存斗争是达尔文的自然选择学说的中心概念。达尔文的生存斗争概念包括三个方面：生物与无机环境（也就是自然环境）之间的斗争；生物种内的斗争，如为食物、配偶和栖息地等的斗争；生物种间的斗争。

从这一观点来看，生存斗争是一个多义词。达尔文想以这一概念来说明地球上生物存在的根本形式。在进化问题上达尔文最重视的是其中的第二条，即种内斗争。他认为，种内斗争与生物的变异组合起来产生适者生存从而造成种的变化。在现代进化学说中，生存斗争也是一个极重要的概念。

> 1. 在生物种内的斗争中，什么样的个体不会被淘汰呢？
> 2. 在生物种间的斗争中，捕食者的存在对被捕食者来说是有益还是有害？

你来自何方，又走向何处

生物进化理论大擂台

NI LAIZI HEFANG YOU
ZOUXIANG HECHU

那么在生存斗争中,什么样的个体能够获胜并生存下去呢?达尔文用遗传和变异来进行解释。

遗传和变异

生物的亲代能产生与自己相似的后代的现象叫做遗传。

亲代与子代之间、子代的个体之间,是绝对不会完全相同的,也就是说,总是或多或少地存在着差异,这种现象叫变异。

遗传与变异,是生物界不断发生的普遍现象。它也是物种形成和生物

◆同一窝小猫的不同样子

进化的基础。达尔文认为一切生物都具有产生变异的特性。引起变异的根本原因是环境条件的改变。在生物产生的各种变异中,有的可以遗传,有的不能够遗传。

但哪些变异可以遗传呢?达尔文用适者生存来进行解释。

> **你知道吗?**
>
> 遗传物质的基础是脱氧核糖核酸(DNA),亲代将自己的遗传物质DNA传递给子代,而且遗传的性状和物种保持相对的稳定性。生命之能够一代一代地延续的原因,主要是由于遗传物质在生物进程之中得以代代相承,从而使后代具有与前代相近的性状。

适者生存

在生存斗争中,具有有利变异的个体,容易在生存斗争中获胜而生存下去。反之,具有不利变异的个体,则容易在生存斗争中失败而死亡。换句话说,适应环境的生物生存下来,对环境不适应的生物则被淘汰,这就是适者生存。

SHENGMING DE QIYUAN YU YANHUA KUANGXIANG QU
生命的起源与演化狂想曲

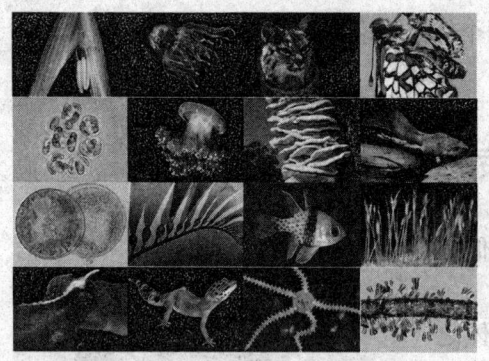

◆生物的多样性

在生存斗争中，适者生存、不适者被淘汰的过程叫做自然选择。自然选择过程是一个长期的、缓慢的、连续的过程。由于生存斗争不断地进行，因而自然选择也是不断地进行，通过一代代的生存环境的选择，物种变异被定向地向着一个方向积累，于是性状逐渐和原来的祖先不同了，这样，新的物种就形成了。

由于生物所在的环境是多种多样的，生物适应环境的方式也是多种多样的，所以，经过自然选择也就形成了生物界的多样性。

广角镜——桦尺蛾的"黑化"

桦尺蛾是生活在欧洲的一种蛾类。正常的桦尺蛾的体色是灰白色的，它夜晚活动，白天栖息在树干上，其体色与树干上的地衣颜色十分相似，不易被它的天敌鸟类所发现。

19世纪英国工业化造成严重污染，大烟囱排出的大量煤烟，杀死了树干上浅灰色的地衣，把原先密布地衣的树干变为黑色，从而改变了桦尺蛾的栖息环境，原本具有的保护色，在新的环境中变为显露的。于是，灰白色的桦尺蛾变得容易被鸟发现并捕食，而原来容易被发现的黑色品种却得到了掩护。在自然选择的作用下，黑色类型逐渐代替了浅色类型。在工业黑化的作用下，黑色的桦尺蛾适应了新的环境而被保留下来，自从1850年人们发现了第一只黑色桦尺蛾，到19世纪末，黑色类型占95%以上，而浅灰色类型从99%降到5%以下。

由此可见，生物对环境的适应，是使其生存的

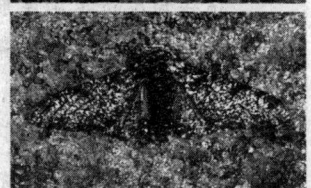

◆桦尺蛾为了适应环境身体颜色逐渐变深

生物进化理论大擂台

NI LAIZI HEFANG YOU
ZOUXIANG HECHU

重要保证。人们所说的保护色、警戒色、拟态都是生物环境适应的种种表现。大自然是千变万化的，适应是相对的，在一个环境下的适者，在另一个环境下可能成为不适者而被淘汰。

拓展思考

1. 达尔文的自然选择学说在历史上有占据着怎样的地位？
2. 自然选择学说的主要内容是什么？
3. 你能解释一下生存斗争的含义吗？
4. 请你举出几个生物学中适者生存的例子？

你来自何方，又走向何处

取其精华，去其糟粕
——现代生物进化理论

◆生物多样性

在漫长的30多亿年生命行进征程中，形形色色的生物从出生到灭亡，从低等到高等，究竟是何种神奇的力量推动着生物的进化发展呢？多少个世纪以来，人们绞尽脑汁，企图找到令人信服的答案，最终都以百思不得其解而告终。

直到19世纪初，法国生物学家拉马克第一次对进化论作了较系统的论述。过了大概半个世纪之后，英国伟大的博物学家达尔文又提出了一套让人们更为普遍接受的理论——自然选择学说。但是这套理论仍有一些缺陷，不能满足人们的好奇心，人们继续探索着，于是便有了现代进化理论。

不断发展的进化论

早在19世纪初，法国生物学家拉马克在前人的基础上，大胆鲜明地提出了生物是从低级向高级发展进化的学说。

到了19世纪中期，达尔文乘搭英国皇家舰艇"贝格尔"号海洋考察船，环航世界。经过将近5年沿途观察，他对进化论有了新的观点。他提出了自然选择学说。论证了生物是不断进化的，并且对生物进化的原因提出了合理的解释。

但是，达尔文的自然选择学说并没有对遗传变异的本质作出科学的解释，而且对生物进化的解释也局限于个体水平，认为特种的形成是渐变的结果。这并不能对物种大爆发现象给出解释。

生物进化理论大擂台

现代生物学家吸取了达尔文自然选择学说的精华部分,运用现代遗传学、生态学、物理、化学方法对生物的进化进行分析,以种群为研究的基本单位提出了现代的生物进化理论。

现代生物进化理论的基本内容也有4点:种群是生物进化的基本单位;突变和基因重组产生进化的原材料;自然选择决定进化的方向;隔离导致物种的形成。

◆当年达尔文搭乘的英国皇家舰艇"贝格尔"号

 **链接**

现代生物进化理论又称综合进化论,是本世纪20世纪30年代杜布赞斯基以达尔文自然选择学说为核心,结合群体遗传学的研究成果,综合其他有关的科学成果在《遗传学与物种起源》中提出来的"综合理论"。1970年杜布赞斯基运用分子生物学的研究成果,在《进化过程的遗传学》中又为综合理论奠定了新的基础。

种群

生物生存和生物进化的基本单位为什么是种群,而不是个体?

因为在种群中的任何一个个体是不可能进化的。而生物的进化是靠自然选择来实现的。对一个种群来说,种群中全部基因的总和可以在遗传中保持稳定。也就是说:个体的基因来自种群基因库,个体死亡后又通过其后代把基因归还给基

◆企鹅种群

SHENGMING DE QIYUAN YU
YANHUA KUANGXIANG QU

生命的起源与演化狂想曲

因库。因此，自然选择作用的是种群。例如，共同生活在南极某一区域的企鹅可以很好地说明这个问题。

突变和基因重组

◆同一植株上不同颜色的花

现代生物进化理论认为，生物在繁殖的过程中会产生基因重组、基因突变及染色体变异等可遗传的变异。其中基因突变和染色体变异都可称为突变。突变和基因重组使生物个体间出现可遗传的差异。生物个体再通过繁殖将自己的这些差异传递给后代。

 小资料："基因"的由来

　　孟德尔和他的学说在20世纪初掀起了一个很大的科学热潮。遗传学迅速成为当时生物学家们的研究热点，"遗传"、"变异"、"遗传因子"等词语也成了颇为时髦的流行语。1909年，丹麦植物学家和遗传学家约翰逊提出，"遗传因子"使用起来很不方便，而"基因"代替"遗传因子"更能反映出事物的本质，说起来也朗朗上口。

　　此后，人们便习惯于将决定和控制生物遗传和变异的、内在的某种细微因子称为"基因"。